CONTENTS

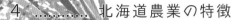

北海道の農業　令和5年版　定価：1,650円（税込み）　送料：300円

発行：令和5年11月1日　発行人：新井敏孝　発行所：株式会社北海道協同組合通信社

〒060-0005　札幌市中央区北5条西14丁目　TEL：011-231-5261　FAX：011-209-0534

印刷：岩橋印刷株式会社　ISBN978-4-86453-094-1　表紙イラスト：中野由佳

北海道農業の特徴

北海道の総土地面積は、東北6県に新潟県を加えた面積より広く、それぞれの地域ごとに特色のある農業が展開されています。

道央地帯

　北海道の中央部から日本海に流れ込む石狩川水系に沿った上川盆地や石狩平野では、豊富な水資源と比較的温暖な夏季の気候を利用して、稲作の中核地帯が形成されています。また、札幌近郊、空知南部、上川では道外移出向けを中心とした野菜の生産が盛んなほか、日高の軽種馬、上川や胆振の肉用牛など、地域の特色を生かした農業が行われています。

道南地帯

　渡島半島と羊蹄山麓からなるこの地域は、平たん部が少ないため経営規模は小さいものの、道内では最も温暖な気候に恵まれ、集約的な農業が行われています。米が各地で生産されているほか、函館近郊では施設野菜団地が形成されており、後志の羊蹄山麓が畑作地帯、後志北部が果樹地帯として発展しています。

道東・道北（畑作）地帯

　十勝平野、北見、斜網を中心とするこの地域は、広大な農地を生かした大規模な機械化畑作経営が行われており、豆類、てん菜、馬鈴しょ、麦類を中心としたわが国の代表的な畑作地帯となっています。また、北見を中心とするたまねぎは、わが国最大の産地として道外に大量に出荷されています。

道東・道北（酪農）地帯

　根釧、天北を中心とするこの地域は、広大な丘陵と湿原を含む平たん地が大半を占めています。泥炭地などの特殊土壌が多く、気候が冷涼であることから、草地が中心となっており、EU諸国の水準に匹敵する大規模な酪農経営が展開されています。

生産量全国 No.1の主な農畜産物

小麦　61.8%
61.4万t（13.1万ha）

大豆　44.9%
10.9万t（4.3万ha）

小豆　93.3%
3.9万t（1.9万ha）

いんげん　94.8%
0.8万t（0.6万ha）

馬鈴しょ　77.5%
168.6万t（4.7万ha）

てん菜　100%
354.5万t（5.5万ha）

そば　45.8%
1.8万t（2.4万ha）

たまねぎ　60.7%
66.6万t（1.5万ha）

にんじん　31.7%
20.2万t（0.5万ha）

かぼちゃ　46.7%
8.1万t（0.7万ha）

スイートコーン　36.9%
8.1万t（0.7万ha）

生乳　56.6%
430.9万t（84.6万頭）

牛肉　19.6%
9.6万t（55.3万頭）

軽種馬　97.6%
0.8万頭（1.0万頭）

資料：農林水産省「作物統計」「畜産統計」「食肉流通統計」「牛乳乳製品統計」、（公社）日本軽種馬協会「軽種馬統計」
注：馬鈴しょと野菜は令和3年の数値。軽種馬は生産頭数とカッコ内は種付繁殖雌馬頭数

北海道農業の地位

北海道農業の特色

北海道では恵まれた土地資源を生かし、専業的で大規模な経営を主体とする農業が展開されています。

北海道の本格的な開拓の歴史は明治2年の開拓使の設置に始まり、以来154年が経過しました。この間、冷涼な気象条件に対応した欧米の近代的な農業技術の導入や土壌改良などの努力が続けられてきました。

北海道は日本列島の最北端で温帯と亜寒帯の境に位置し、冬は積雪期間が長く、氷点下の日が続きます。

真夏でも蒸し暑さは少なく、日中は30℃を超えるときもありますが、夜は気温が下がり、この昼夜の温度差が質の良い農作物を生み出す要因にもなっています。また、冷涼な気候は病害虫の発生を抑え、クリーン農産物の生産にも適しています。

北海道の農耕地の約2／3は特殊土壌（火山性土37％、重粘土21％、泥炭土8％）です。火山性土は道東、道南などに広く分布し、地力に乏しい傾向があります。重粘土は上川、空知、オホーツクに多く分布し、粘性で緊密なため融雪期などに停滞水を生じやすく、また、泥炭土は石狩川や天塩川など主要河川下流に分布し、過湿で通気性が不良です。

このような特殊土壌を生産性の高い農地として利用するには、総合的な土地改良が必要であり、客土や排水条件の整備などが進められてきました。

北海道農業の地位

令和4年の北海道の個人経営体は2万8,300戸で全国の3.0％となっていますが、耕地面積は114万1,000haと全国の26.4％を占めています。4年の農畜産物生産量の全国シェアを見るとてん菜、小麦、大豆、馬鈴しょ、生乳など多くの品目で全国一の生産量を上げ、広い農地を生かした低コス

ト生産が行われています。また、3年の農業産出額は1兆3,108億円で、全国の農業産出額8兆8,600億円の14.8％を占めています。

4年の北海道の農業経営体当たりの経営耕地面積は33.1haと都府県平均2.3haの14倍、1戸当たりの乳用牛飼養頭数は都府県の2.2倍、肉用牛は4.6倍となっています。

3年度のカロリーベースの食料自給率は前年同様に全国第1位となり、223％と前年度に比べ6ポイント増加しました。これは小麦、大豆の収穫量が増加したことや、畜産物の生乳、牛と豚の枝肉の生産量の増加などによるものです。

● 農業産出額の推移

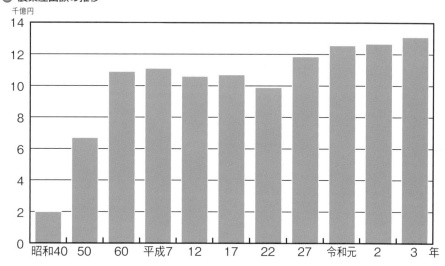

資料：農林水産省「生産農業所得統計」
注：全国を推計単位とした農業総産出額は8兆8,600億円

● 主要部門の農業産出額構成比の推移

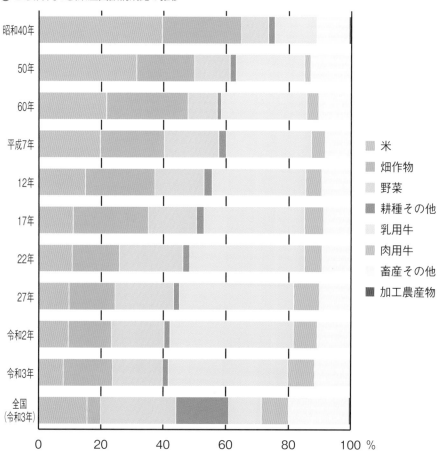

凡例：米、畑作物、野菜、耕種その他、乳用牛、肉用牛、畜産その他、加工農産物

資料：農林水産省「生産農業所得統計」
注：1）「乳用牛」には生乳、「畜産その他」の鶏には鶏卵、ブロイラーが含まれる
　　2）農業産出額については、平成19年から市町村単位から都道府県単位の推計に改めており、以降は同都道府県内の市町村間で取引される中間生産物は産出額に計上されない

個人経営体

全国 93万5,000戸

北海道 2万8,300戸

3.0%

乳用牛飼養頭数

全国
137万1,000頭

北海道
84万6,100頭

61.7%

資料：農林水産省「農業構造動態調査」（令和4年）、「畜産統計」（令和4年）

● 農業経営体当たりの比較

14.4倍

耕地面積
（ 北海道　33.1ha ）
（ 都府県　　2.3ha ）

1経営体当たり乳用牛飼養頭数
（ 北海道　152.2頭 ）
（ 都府県　　67.8頭 ）

2.2倍

4.5倍

農業所得
（ 北海道　563万円 ）
（ 全　国　125万円 ）

資料：農林水産省「農業構造動態調査」（令和4年）、「畜産統計」（令和4年）、「農業経営統計調査」（令和3年）

● 農用地特殊土壌分布図

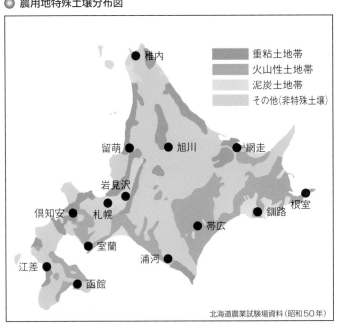

重粘土地帯
火山性土地帯
泥炭土地帯
その他（非特殊土壌）

稚内
留萌　旭川　網走
岩見沢
倶知安　札幌　釧路　根室
室蘭　帯広
江差　浦河
函館

北海道農業試験場資料（昭和50年）

● 年平均気温の分布

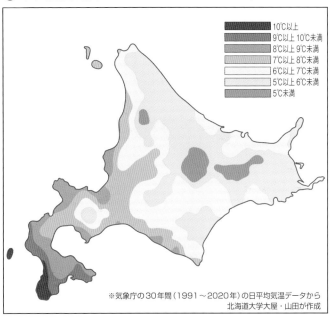

10℃以上
9℃以上10℃未満
8℃以上9℃未満
7℃以上8℃未満
6℃以上7℃未満
5℃以上6℃未満
5℃未満

※気象庁の30年間（1991～2020年）の日平均気温データから
北海道大学大屋・山田が作成

農政の新たな動き

「食料安全保障に関する推進チーム」の取り組み

新型コロナウイルス感染症やウクライナ情勢などにより、世界的に食料需給を巡るリスクが顕在化しています。こうした中、わが国の食を支える北海道の農業が、今後とも食料自給率の向上と食料安全保障の強化に最大限寄与し、持続的に発展していくことを目的として、令和4年7月、庁内に「食料安全保障に関する農政部推進チーム」※を設置しました。

本推進チームは、「国内で生産できるものはできる限り国内で生産」していくことを基本に、小麦や大豆など輸入に依存している穀物の増産、輸入代替への支援、輸出の促進などについて国に提案し、12月に政府が決定した「食料安全保障強化政策大綱」にその提案がおおむね反映されました。

また、国において、9月から農政の根幹である「食料・農業・農村基本法」の検証・見直しに向けた検討が始まり、道は5年3月に「食料・農業・農村政策の新たな展開方向」に関する提案を実施しました。その後、7月に札幌市で開催された地方意見交換会で新たな基本法が本道農業・農村の実情に即したものとなるよう、意見陳述を行ったほか、北海道農業・農村振興審議会の議論を踏まえて、国と意見交換を実施した結果、9月に行われた基本法見直しに関する食料・農業・農村政策審議会からの答申の内容には、道の提案がおおむね反映されました。

今後とも国に対し、体質の強い生産基盤の確立と将来にわたる食料の安定供給の確保に向け、政策提案を実施していきます。

※令和5年2月に水産林務部も加え、「食料安全保障に関する推進チーム」へ移行

生産資材の高騰への支援

長期に及ぶ新型コロナウイルス感染症の影響に加え、ウクライナ情勢に端を発した国際情勢の変化によりエネルギー、原材料などの価格や供給動向が見通せず、円安基調と相まって道民の生活、事業者の経営環境が厳しくなっています。こうした中、道は道民の暮らしや事業者の取り組みを支援しようと4年7月に「北海道経済対策推進本部」を設置しました。

農業分野では道独自の対策として、飼料価格の高騰や生乳需給の緩和を踏まえた酪農支援、肥料価格の高騰対策、燃油・電気・ガスといったエネルギー対策、消費拡大対策など各般の施策を講じました。

今後とも、生産資材などの価格の推移や農畜産物の需給動向に注視しながら、農業者が安心して営農を継続できるよう取り組んでいきます。

「食料安全保障に関する農政部推進チーム」のスキーム

食料安全保障を巡る情勢

≪世界の情勢≫
・世界の人口増加などによる食料需要の増大や異常気象による生産減少など
・コロナ・ウクライナ情勢などにより世界の食料状況を巡るリスクが顕在化

≪国内の情勢≫
・食料や生産資材の多くを海外からの輸入に依存
・燃油や肥料、飼料の国際価格が高い水準で推移
・米、砂糖、牛乳・乳製品において、需給の不均衡が発生

北海道農業の価値と強み

価値
・全国の1/4を占める耕地面積を生かし、稲作、畑作、酪農など生産性の高い農業を展開

強み
・高い食料供給力と「食の北海道ブランド」
・厳しい自然条件下で培った優れた技術

北海道農業・農村の役割

食を支える
消費者ニーズに応えた安全・安心で良質な食料を安定的に供給するわが国最大の食料供給地域として、国民の食を持続的に支える

地域と所得を支える
北海道農業は、食品加工、運輸、流通・販売、観光など広範な産業と密接に結び付き、道民生活や地域経済を支える

多面的機能を発揮する
洪水の防止や水源のかん養などさまざまな公益的機能の発揮により、道民の生命と財産、豊かな暮らしを守るとともに、地域固有の食や文化を保存・伝承

「食料安全保障に関する農政部推進チーム」の設置と展開方向

食料安全保障に関する農政部推進チーム

【目的】わが国の食料安全保障の強化に向け、北海道農業が最大限寄与し、持続的に発展していくため、農林水産省との意見交換を実施しながら取り組みを推進
【構成】チーム長：農政部長、副チーム長：同次長、その他メンバー：局長級および関係各課の課長級
【主な取り組み】食料安全保障の強化に向けた当面の対策や中長期的な課題への対応について、農林水産省と農政部推進チームとで意見交換を実施

1　輸入依存穀物の北海道産への置き換え

小麦・大豆・子実用トウモロコシの増産

小麦	大豆	子実用トウモロコシ
47万t → 63万t	8.2万t → 10万t	1,300t → 1,900万t
H30　R12	H30　R12	H30　R12

2　自給飼料の生産拡大

①ICT技術を活用した草地更新技術の普及
②サイレージ用トウモロコシなどの作付け拡大

3　食料原材料の北海道産への置き換え

①輸入小麦から道産小麦への原材料の置き換え
②輸入原料チーズから道産チーズのシェア拡大

4　有機物資源の利用拡大に向けた検討

①堆肥の活用
②下水道汚泥の肥料化
③稲わらの肥料化

みどりの食料システム法に係る「北海道基本計画」を策定

　道は、4年12月、道内の179市町村と共同で、みどりの食料システム法（環境と調和のとれた食料システムの確立のための環境負荷低減事業活動の促進等に関する法律）に基づく「北海道基本計画」を策定しました。これに則り北海道の農林漁業における環境負荷の低減を促進し、農林漁業の持続的な発展を目指していきます。

　みどりの食料システム法は、農林漁業者の減少・高齢化や大規模自然災害などの課題に加え、SDGsの達成や脱炭素化の実現に向けた取り組みが求められていることから、国が3年5月に策定した「みどりの食料システム戦略」に基づき、翌年7月に施行されました。これにより、農林漁業者が行う環境負荷低減事業活動の計画認定制度が創設されるとともに、知事の認定を受けた農林漁業者が環境負荷の低減に必要な機械や施設を導入する場合に、税制面や金融面などで支援が受けられるようになりました。

　農林漁業者らが作成した実施計画の認定申請に当たっては、あらかじめ地域の農業改良普及センターに計画の達成見込みについて指導・助言を受けた上で、農業協同組合の組合員である農業者らは「農業協同組合」、それ以外の農業者らは「市町村」を経由して知事に提出し、審査を受けることになります。

　知事の認定を受けた農業者らは、実施計画に基づく取り組みに必要な、国の確認を受けた化学農薬や化学肥料の使用を低減させる機械や施設などを導入する場合、導入初年度の所得税や法人税の負担が軽減される特別償却が適用されるほか、無利子の「農業改良資金」の償還期限の延長や国の補助事業の優先的な採択につながるなどの支援措置が受けられます。

　基本計画の実現に向けて道は、環境と調和の取れた食料システムの確立を図りながら生産力と競争力を高めていくため、ほ場の大区画化などの基盤整備を推進するほか、スマート農業の推進、地方独立行政法人北海道立総合研究機構や民間企業などと連携した化学農薬や化学肥料の低減技術、新品種の開発・普及を進め、農業者がみどりの食料システム戦略に沿った環境負荷低減事業活動に積極的に取り組めるよう支援していきます。

農林漁業における環境負荷低減事業活動の促進に関する北海道基本計画
～生産力向上と持続性の両立を目指して～

1　北海道基本計画

計画策定の趣旨

　農林漁業者の環境負荷低減事業活動などを促進することにより、北海道の農林漁業が持続的に発展し、わが国最大の食料供給地域として食料自給率の向上に寄与し、国民の食を支える役割を果たしていけるよう策定

計画の位置付け

　「みどりの食料システム法」第16条に基づき、都道府県と市町村が共同で作成する「環境負荷低減事業活動の促進に関する基本的な計画」

計画期間

　令和4～8（2022～26）年度までのおおむね5年間

2　農林漁業における環境負荷低減に関する基本方針

農林漁業における環境負荷低減の意義

　農林漁業における環境負荷低減の取り組みは、農林漁業の持続的な発展と食料の安定供給に資するとともに、食料安全保障の確立にも寄与

「みどりの食料システム戦略」と「みどりの食料システム法」

　「みどりの食料システム戦略」では、生産から消費の各段階で環境負荷低減のイノベーションを推進することとしており、「みどりの食料システム法」では、環境負荷低減事業活動などの認定制度が創設

農林漁業分野の温室効果ガス排出状況と「ゼロカーボン北海道」

　1次産業を基幹産業とする北海道では、農林漁業分野の温室効果ガス排出割合が国内と比べて2.5倍
　北海道では、2050年度までに「ゼロカーボン北海道」を目指しており、農林漁業においても温室効果ガスの排出削減などに取り組むことが重要

道の農林漁業における環境負荷を低減する取り組みの状況

農業分野：クリーン農業、有機農業、スマート農業の推進など
林業分野：森林吸収源対策として人工林の計画的伐採、植林など
漁業分野：ブルーカーボン（藻場・浅場などの海洋生態系に取り込まれた炭素）に資する藻場・干潟の保全支援など

農林漁業における環境負荷低減の推進に向けた対応方向

　本計画においては、「みどりの食料システム法」に基づく農林漁業者の環境負荷低減事業活動などの内容を定め、農林漁業者による環境保全型農業や温室効果ガス排出量の削減などに資する活動を推進

3　環境負荷低減事業活動の促進に関する法律

環境負荷の低減に関する目標

○燃料燃焼によるCO_2排出量（農業）　153万t-CO_2(H25)　→　136万t-CO_2(R12)
○化学農薬使用量　29.8kg／ha(R1)　→　26.8kg／ha(R12)
○化学肥料使用量　468.5kg／ha(H28)　→　374.8kg／ha(R12)
○YES! clean農産物作付面積　17,734ha(H30)　→　20,000ha(R6)
○有機農業取り組み面積　4,817ha(R2)　→　11,000ha(R12)
○GNSSガイダンスシステムの累計導入台数　11,530台(H30)　→　26,000台(R7)

環境負荷低減事業活動の内容

（1）土づくりと化学肥料・化学農薬の削減を一体的に行う事業活動
　　有機農業や特別栽培農産物、持続性の高い農業生産方式の導入など
（2）温室効果ガスの排出量の削減に資する事業活動
　　農林業機械・漁船の省エネルギー化・電動化・バイオ燃料への切り替え、ヒートポンプや木質バイオマス加温機などの導入、稲わらのほ場からの搬出および堆肥化など
（3）その他
　　土壌への炭素の貯留に資する生産方式、化石資源由来のプラスチック使用量の削減に資する生産方式の導入など

特定区域および特定環境負荷低減事業活動の内容

　市町村と連携し、モデル的な取り組みの創出に向けた特定区域の設定を推進

環境負荷低減事業活動の実施に当たって活用されることが期待される基盤確立事業の内容

・センシング技術などを活用した土壌診断や栄養診断の高度化、施肥管理法改善などによる化学肥料削減技術の開発
・総合防除や難防除病害虫の防除対策技術の開発
・気候変動などによる新規・特異発生病害虫などに対応する技術の再構築
・ICT・AIなどの先端技術を活用した省力化技術の開発
・収量・品質を維持する安定した有機農業やクリーン農業技術の開発　など

環境負荷低減事業活動により生産された農林水産物および加工品の流通と消費の促進

・地産地消などの取り組みを「愛食運動」として総合的に展開
・クリーン農業や有機農業により生産された農産物などの流通および消費の促進の取り組みを推進

環境負荷低減事業活動の促進に関する事項

・庁内関係部局と横断的な連携を図りながら、効率的で実効性のある施策を推進
・農林漁業者の主体的な取り組みを基本に、道や市町村、関係団体、試験研究機関などが連携・協働して推進
・計画の推進に大きな影響がある場合には、計画の見直しなど必要な措置を実施

担い手の動向

北海道農業を担う主業経営体

北海道の農業経営体数は年々減少を続けており、令和4年は前年に比べ3.5％減少し3万3,000となりました。平成22～令和4年の間で経営耕地規模別の農業経営体数を見ると、50ha以上では1,001、うち100ha以上では993増加するなど、規模の大きい農家の割合が増えています。

北海道農業は主業経営体によって担われています。4年の主業経営体は2万1,300（個人経営体数の75.3％）、準主業経営体は700、副業的経営体は6,400でした。

同年の個人経営体の基幹的農業従事者数は6万9,400人で、年齢階層別に見ると、65歳以上の層が全体に占める割合は40.4％と都府県の72.0％を下回っていますが、依然として高い水準にあります。

認定農業者の育成と確保

認定農業者制度は、農業者が自らの創意工夫に基づき、経営を改善するために作成した「農業経営改善計画（5年後の経営目標）」を市町村などが認定するものです。

認定を受けた農業者は、経営所得安定対策、低利の融資、税制上の特例措置、農業者年金の保険料支援などの支援措置の対象となります。

北海道の認定農業者数は、4年3月末現在で2万7,837経営体（うち法人経営体は3,769）です。

増加する農地所有適格法人

農業経営の法人化には、経営の高度化や安定的な雇用の確保、円滑な経営継承、雇用による就農機会の拡大など経営発展の効果が期待されています。また、複数戸による大型の法人では、地域の中核的な担い手として離農者の農地や農作業の引き受け、新規就農希望者の受け入れといっ

た公益的な機能を発揮する例も出てきています。

北海道の農地所有適格法人数は増加傾向で推移しており、4年1月現在で3,889となっています。このうち農畜産物の加工や販売、農作業受託などの関連事業に取り組む農地所有適格法人は905で、全体の約2割を占めています。

道は農業関係機関・団体と連携して、農業経営の法人化などの取り組みを支援しています。

企業の農業参入をサポート

建設業や食料品製造、販売業などの企業が農業に参入する事例が年々増加しています。

企業が農地を利用するためには、企業が自らまたは農業者と共同で農地所有適格法人を設立して農地を所有する（賃借を含む）方法と、企業が一般法人として農地を賃借する方法があります。4年1月現在で前者は241法人、後者は101法人となっています。

企業などの農業参入や地域とのマッチングを支援するため、道では「サポートデスク」を設置して、農業参入に関わる相談を受け付けており、

北海道で「東北・北海道地域農業士研究会」を開催

東北・北海道地域の指導農業士・農業士が一堂に会する「東北・北海道地域農業士研究会」が令和4年8月29、30の両日、北海道指導農業士協会と北海道農業士協会の主催により胆振管内（洞爺湖町ほか）で開催されました。

同研究会は、東北6県と北海道が持ち回りで、平成10年から毎年度開催。令和2年はコロナ禍で中止、3年は秋田県でオンライン開催されましたが、4年は3年ぶりに現地での開催となりました。

今回は「農業の可能性を求めて」をテーマに、道内外から164人が参加。初日は、洞爺湖町の指導農業士・佐伯昌彦さんによる基調講演や、道指導農業士協会長の長内伸一さん（壮瞥町）をコーディネーターとして5人の指導農業士によるパネルディスカッションが行わ

れ、農業に対する考え方やこれからの農業に必要なこと、地域の担い手対策などについて議論が交わされました。2日目は現地視察研修で、東北の参加者からは「北海道農業のスケールの大きさを改めて感じた」といった声や「後継者や新規就農者の育成を地域でしっかり行っている」との声が聞かれました。

現地視察研修

道内、東北から164人が参加

平成28年4月の開設以降、496件の相談に対応しています。

新規就農者への支援

北海道の新規就農者数は22年以降減少傾向でしたが、令和3年は477人と、前年に比べ3人増加しました。そのうち農家出身で学校卒業後や研修後に就農した新規学卒就農者は146人、農家出身で他産業に従事した後に就農したUターン就農者は203人、自ら農地を取得するなどして新たに農業経営を開始した新規参入者は昭和45年の調査開始以来、過去最高の128人となりました。

北海道では、農業の担い手を育成・確保するための総合支援を行う北海道農業担い手育成センターが（公財）北海道農業公社に設置されており、道や市町村、農業関係団体による連携の下、取り組みを進めています。

北海道農業担い手育成センターは、就農セミナーや新規就農フェアなどを開催・出展し就農希望者の相談に応じるとともに、市町村に設置されている地域担い手育成センターと連携しながら、研修先・実習先の情報提供やあっせん、研修生の事故発生時の傷害補償対策の実施など地域の受け入れ促進とその環境整備に向けたきめ細やかな取り組みを行っています。

また地域担い手育成センターは、研修生や受け入れ指導農家に対する助成などの支援を行っているほか、農業体験実習のための宿泊・実習施設の整備や滞在経費への助成といったさまざまな独自の取り組みを行っています。

● 農場経営体数の推移

（単位：経営体、%）

	農業経営体	個人経営体	団体経営体	法人経営体
令和3年	34,200	29,700	4,500	4,200
令和4年	33,000	28,300	4,700	4,400
構成比		85.8	14.2	13.3
全国（令和4年）	975,100	935,000	40,100	32,200

資料：農林水産省「農林業センサス」（2月1日現在）、「農業構造動態調査」（各年2月1日）

● 基幹的農業従事者数（個人経営）の年齢別構成比

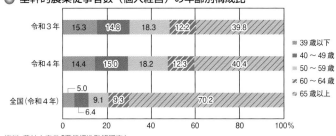

資料：農林水産省「農業構造動態調査」

● 認定農業者数の推移

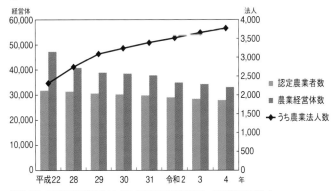

資料：農林水産省「世界農林業センサス」「農業構造動態調査」、北海道農政部調べ
注：農業経営体数は各年2月1日現在、認定農業者数は各年3月末現在

● 農地所有適格法人数の推移

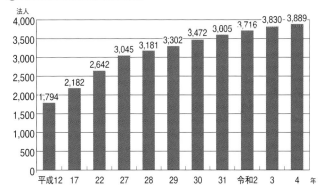

資料：農林水産省「農地法の施行状況等に関する調査」（各年1月現在）
注：農地法の施行状況等に関する調査」では、調査時点において一時休業などをしている法人も含む

● 新規就農者数の推移

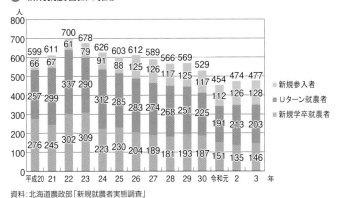

資料：北海道農政部「新規就農者実態調査」
注：新規就農者数は、新規学卒就農者、Uターン就農者、新規参入者の合計

● 経営形態別新規就農者数

（単位：人、%）

区分	平成30年		令和元年		2年		3年	
稲作	117	22.1	114	25.1	104	21.9	105	22.0
畑作	161	30.4	128	28.2	140	29.5	158	33.1
酪農	117	22.1	81	17.8	98	20.7	78	16.4
肉牛	18	3.4	20	4.4	14	3.0	17	3.6
野菜	95	18.0	80	17.6	88	18.6	91	19.1
花き	3	0.6	8	1.8	4	0.8	4	0.8
養鶏	0	0.0	2	0.4	2	0.4	0	0.0
養豚	1	0.2	0	0.0	1	0.2	1	0.2
果樹	11	2.1	13	2.9	16	3.4	18	3.8
軽種馬	2	0.4	3	0.7	2	0.4	2	0.4
その他	4	0.8	5	1.1	5	1.1	3	0.6
合計	529	100.0	454	100.0	474	100.0	477	100.0

資料：北海道農政部「新規就農者実態調査」

女性の活躍と担い手支援

女性農業者の経営参画

　北海道の女性農業者は、農業就業人口の約45％を占めており、生産や経営面での担い手としてだけではなく、農産物の加工・販売や消費者との交流の促進などさまざまな場面で大きな役割を果たしています。

　一方、39歳以下の若い世代では女性の割合が少なくなっており、北海道農業や農村の持続的な発展に向けて、若い女性の就農促進や活動支援などを図り、農業経営や地域社会への積極的な参画の促進が必要となっています。また、農村では、男女の役割に対する固定的な意識が依然強く残っているところもあり、女性が意欲や能力、特性を十分に発揮しづらい面があります。

　女性の経営参画を促すには、家族内で十分話し合い、経営方針や役割分担、就業条件や就業環境を取り決める「家族経営協定」の締結が効果的です。しかし、道内で家族経営協定を締結している農家は、令和4年3月末現在で5,314戸と、主業農家2万1,300戸の1／4程度にとどまっており、より一層の協定締結の促進が重要です。

　女性農業者の社会参画に関しては、3年10月1日現在、全道170の農業委員会に189人の女性農業委員が就任しています。また3年事業年度末現在、全道109の農協（JA）で28人の女性役員が就任しています。

女性・高齢者が活躍できる環境づくり

　道は、農業・農村の活性化につながる女性の経営・社会参画を促進するため、女性農業者を対象とした経営管理や生産技術などの研修を実施するとともに、若い世代の女性農業者のネットワーク強化やグループ活動の活性化など、女性農業者が活躍できる環境づくりに取り組んでいます。

　また、農業経営の改善や起業、農村生活の充実、地域の振興などに積極的に取り組んでいる女性農業者や高齢者の活動を表彰し、その活動を広く紹介する「女性・高齢者チャレンジ活動表彰」を実施し、地域における女性・高齢者活動を促進しています。4年度は、若手女性活動として留萌管内天塩町の「美留来（みるく）のゆめ」が最優秀賞に、地域社会参画として富良野市の「ふらのっこ」が優秀賞に選ばれました。

地域農業を支えるコントラクター

　農業従事者の高齢化や経営規模の拡大など農業構造が変化する中、農作業を請け負うコントラクター（農作業受託組織）の役割は拡大し、近年では地域農業を支える基盤として欠かせない存在へと変わってきており、道内のコントラクター数は4年3月末現在で333組織となっています。

　今後、農業経営体数の減少によりさらなる経営規模の拡大が見込まれる中、個々の農業経営体とコントラクターとの連携強化やスマート農業技術の活用などにより、効率的な作業体制を構築していく必要があります。

TMRセンター

　TMRセンターは酪農家が、飼料生産を外部化するシステムとして、粗飼料生産からTMR（完全混合飼料）の調製や供給までを担当しています。酪農家の規模拡大に伴い、その数が増えてきており、3年度の組織数は87に達しています。

　酪農家の労働力負担軽減に寄与し、生乳の増産につながる外部支援組織としてTMRセンターの役割は、一層大きくなっています。

定着する酪農ヘルパー利用

　酪農ヘルパーは酪農家の病気やけがのほか、余暇のため、酪農家の代わりに搾乳や給餌作業を行う役割を担っています。

　酪農ヘルパーを派遣する酪農ヘルパー利用組合は4年8月現在で86あり、道東・道北の酪農専業地帯のほぼ全域に設立されています。利用組合には乳用牛飼養農家数の82.6％、4,590

農福連携スタートアップ研修の開催

　道は農福連携を普及・定着するため、農福連携スタートアップ研修を開催しました。新たな試みとして、座学研修を「福祉関係者向け」と「農業関係者向け」に分けて実施し、それぞれが詳しくない分野をより深く学べる内容としました。フィールドワーク研修では農場を使用し、農作業の具体的な支援方法を学べる内容としました。

　令和4年8〜11月の3日間、石狩地域で開催し、延べ150人が参加。フィールドワーク研修は座学、作業体験、グループワークの順で実施し、座学では札幌心療福祉専門学校の教員から作業を細分化する目的や方法、ポイントなどについて日常にある具体例を交えながら学びました。作業体験は、（公財）道央農業振興公社のほ場を活用し、ミニトマトの収穫とピーマンの収穫・調整作業に取り組みました。グループワークでは、北海道障がい者就労支援センターのマッチングコーディネーターによる指導の下、作業上の「注意ポイント」と「工夫点」を話し合ってまとめ、最後に発表しました。

農業関係者向け座学研修

フィールドワーク研修でトマトの収穫体験

戸が加入しています。3年度の加入農家1戸当たりの年間利用数は24.0日で、前年度に比べ0.4日増加しており、酪農ヘルパーの役割はますます重要になっています。

担い手を支える多様な人材

近年、農村地域において人口の減少や高齢化が進む中、北海道農業の担い手を支える雇用人材の安定的な確保が課題となっています。2年度は、新型コロナウイルスの感染対策として外国人の入国制限措置が取られたことなどにより、雇用人材の確保は一層厳しくなりましたが、4年10月に制限が撤廃されたことなどから、道内各地で活躍する姿が見られるようになっています。一方、社会経済活動の正常化に伴い、多くの業種において採用活動が活発化していることから、人口の少ない農村地域においては、パート、アルバイトなどの短期雇用の人材確保が一層困難になっています。

このため、道は、これまで農業に関わりの少なかった地域在住者、他産地・他産業の人材、外国人などの多様な人材を雇用人材として確保するため、誰にとっても働きやすい環境づくりを推進しています。

また、障がい者の農業分野での活躍を通じて、農業経営の発展とともに、障がい者の社会参画を実現する「農福連携」は、人材を確保するだけでなく、福祉の視点で作業環境の整備や待遇改善を行うことで、誰もが働きやすい職場づくりへのきっかけとなるとともに、作業方法の見直しなどにより作業効率が向上するといった経営の成長につながる取り組みでもあります。

道は、国が元年に策定した「農福連携等推進ビジョン」を受けて、優れた事例を普及するセミナーのほか、農業と福祉の関係者が相互に学ぶ研修会の開催、農業現場の見学会や体験会など、普及・定着に向け取り組んでいます。

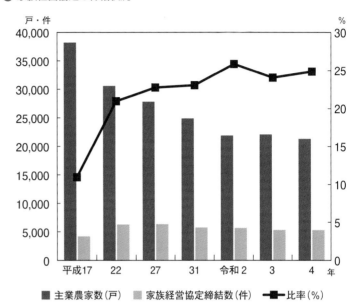

● 家族経営協定の締結状況

■ 主業農家数（戸）　■ 家族経営協定締結数（件）　―■― 比率（%）

資料：北海道農政部「家族経営協定実態調査」（各年3月末現在）、「農業構造動態調査」（各年2月1日現在）

● TMRセンターの推移

区　分	平成12年度	17年度	22年度	27年度	29年度	30年度	令和元年度	2年度	3年度
TMRセンター組織数	3	15	39	65	77	80	83	86	87
利用戸数	－	－	－	693	767	786	770	788	781
うち構成員戸数	－	137	－	654	713	728	723	745	740
給与頭数	－	11,566	－	75,573	99,291	106,844	115,174	124,102	126,069
うち乳用牛頭数	－	－	－	73,120	99,014	103,584	111,659	120,385	122,321
うち肉用牛頭数	－	－	－	2,453	277	3,260	3,515	3,717	3,748

資料：北海道農政部

● コントラクター組織数の推移

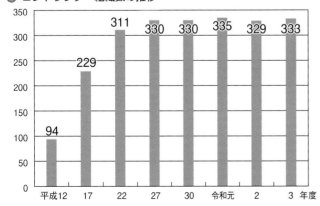

資料：北海道農政部調べ

● 酪農ヘルパーの利用状況

年度	利用組合数	利用組合参加戸数（戸）	乳用牛飼養戸数（戸）	加入率（%）	延べ利用日数（日）	利用農家1戸当たり利用日数（日）	専任ヘルパー要員数（人）	臨時ヘルパー要員数（人）
平成12	94	6,926	9,950	69.6	74,077	12.3	370	647
17	102	6,954	8,540	81.4	98,303	16.2	511	620
22	96	6,271	7,350	85.3	99,750	18.2	497	476
27	90	5,507	6,680	82.4	105,900	22.2	521	396
令和元	86	5,000	5,970	83.8	96,534	23.8	498	329
2	86	4,875	5,840	83.5	89,161	23.6	491	310
3	86	4,741	5,710	83.0	86,243	24.0	456	266
4	86	4,590	5,560	82.6	－	－	455	245

資料：北海道農政部調べ
注：1）加入率および農家1戸当たり利用日数は組合活動区域における実数
　　2）－は調査中

食の安全・安心

条例の制定と基本計画

　道民の健康の保護と、消費者に信頼される安全・安心な道産食品づくりを目指すため、道は「北海道食の安全・安心条例」を平成17年3月に制定しました。同年12月には「北海道食の安全・安心基本計画」が策定され、総合的かつ計画的に施策を推進してきました。31年3月に策定された第4次基本計画では、国際的に通用する食の安全・安心の確保や地域の食資源の活用、農林水産物や加工食品の輸出などへの関心、国連の持続可能な開発目標（SDGs）の達成に向けた取り組みの重要性が高まる中、「世界から信頼される食の北海道ブランドへ」を目指す姿として掲げています。生産から流通、消費に至る各段階で国際的に通用する食品の安全性確保など5つの施策に推進方向が定められており、具体的には国際水準のGAP（農業生産工程管理）やHACCP（ハサップ＝危害分析重要管理点、危害要因分析必須管理点）による衛生管理の導入、クリーン農業や有機農業、環境に配慮した持続可能な農業生産、食育の推進など各種施策の推進を挙げています。

　17年3月には「北海道遺伝子組換え作物の栽培等による交雑等の防止に関する条例」が制定されました。この条例は遺伝子組み換え作物の栽培による一般作物との交雑や混入を防ぎ、農業生産や流通上の混乱を防止することが目的です。令和4年7月には条例適用の対象となる作物を食用および飼料用などと整理する改正を行い、改めて北海道の食に根差した条例であることを明確にしました。試験研究機関における試験栽培は知事への届け出制、農業者などによる一般栽培については知事の許可制としていますが、これまで本条例に基づく栽培の許可申請や届け出はありません。

愛食運動の推進

　食に対する消費者の関心が高まる中、道では生産者団体、経済団体、消費者団体などで構成する「北のめぐみ愛食運動道民会議」を設置し、地産地消や食育を総合的に推進する「愛食運動」を展開しています。また、地産地消の一層の推進に向け、平成16年度には「愛食の日」を制定し、ロゴマークを使用した普及啓発活動を展開しています。

　「愛食の日」には、道民みんなで身近な地元食材の良さを理解し、もっと愛用していくため、道では消費者などに対し、愛食運動への積極的な参加を呼び掛けています。

　さらに道産食材を活用したこだわりの料理を提供する外食店や宿泊施設を「北

愛食の日
ネーミング：どんどん食べよう道産DAY
日にち：毎月第3土曜日、日曜日
キャッチフレーズ：おいしいですよ北海道

北海道食品ロス削減推進計画

　本来食べることができるにもかかわらず捨てられてしまう「食品ロス」が全国では570万t、北海道においても36万t発生しており（令和元年度推計）、国は、元年10月に食品ロスの削減の推進に関する法律を施行、2年3月に食品ロスの削減の推進に関する基本的な方針を公表しました。

　道は平成28年11月から「どさんこ愛食食べきり運動」を展開し、家庭や外食での食べ残しを減らすための啓発などを企業や団体、市町村、大学などと連携しながら進めています。また令和2年2月には、食品ロスの削減に取り組む道内の飲食店・宿泊施設、食品小売店などの食品関連事業者を協力店として登録する「どさんこ食べきり協力店制度」を創設したほか、広く道民に理解と行動する際の指針となるよう「北海道食品ロス削減推進計画」を3年3月に策定し、食品ロスの削減に向けた取り組みに努めています。

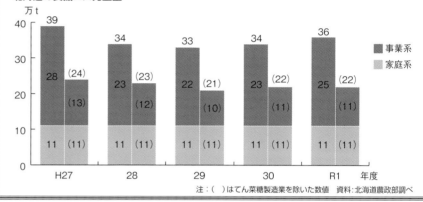

北海道の食品ロス発生量

注：（ ）はてん菜糖製造業を除いた数値　資料：北海道農政部調べ

北のめぐみ愛食レストランのロゴマーク

のめぐみ愛食レストラン」として認定（令和5年3月末現在320店）するなど、道内における地産地消を推進するさまざまな取り組みを展開しています。

道産食品の認証制度と登録制度

　道産食品独自認証制度（愛称・きらりっぷ）は、道産原材料を使用し、高いレベルの安全・安心基準をクリアした上で、生産者のこだわりが生む優れた商品特性を持つ食品を認証し「きらりっぷマーク」を表示して販売する制度です。5年3月末現在、21品目の認証基準が定められており、16事業者の37商品が認証されています。

　また道産食品登録制度は、道産原材料を使用して、道内で製造・加工された

食品を登録し「道産食品登録マーク」を表示して販売する制度です。5年3月末現在、129社・364品が登録されています。

きらりっぷマーク

道産食品登録マーク

食育の取り組み

食育は生きる上での基本として、知育・徳育・体育の基礎となるべきものと位置付けられます。また、さまざまな経験を通じ、食に関する知識と食を選択する力を習得し、健全な食生活を実践できる人間を育てる取り組みとして重要です。

国は平成17年6月に食育基本法を制定し、令和3年3月には「第4次食育推進基本計画」を策定するなど「食育」を国民運動として推進しています。

道は平成17年3月に制定した食の安全・安心条例の中に「食育の推進」を位置付け、同年12月、全国に先駆けて「北海道食育推進行動計画」を策定しました。31年3月に「『食』の力で育む心と身体と地域の元気」を目指す姿とする第4次推進計画を策定し、優良活動への表彰、食品ロスの削減に向けた取り組み、関連するさまざまな団体との連携による推進体制の強化など総合的かつ計画的な取り組みを進めています。

地域ならではの農産物をつくる人、地域が誇る加工品や郷土料理をつくる人など、地域の風土や食文化を生かした北海道らしい食づくりを登録する「北海道らしい食づくり名人登録制度」には、令和5年3月末現在154人が登録。地域固有の食文化や伝統が次の世代へとしっかり受け継がれるよう努める活動も実施しています。

北海道米プロモーションと「麦チェン!」

北海道米の道内食率(道内の米消費量に占める北海道米の割合)を高めるため、平成17年に、道や農業団体のほか、流通、飲食、旅館など16の機関・団体で構成する「北海道米食率向上戦略会議」を立ち上げ、家庭用・業務用の北海道米の需要拡大に向けてオール北海道で北海道米のPRに取り組んでいます。

良食味米の「ゆめぴりか」「ななつぼし」「ふっくりんこ」「おぼろづき」などの登場や、関係者が一丸となったPR活動により道内食率は年々向上し、23米穀年度(22年11月～23年10月)には当初

目標の80%を超えたことから目標を85%に上方修正。令和4米穀年度(3年11月～4年10月)の道内食率は90%に上っています。

一方、北海道は小麦の国内自給率15%(4年概算)のうち、国内生産量の62%を占める小麦の主産地であり、道は、地産地消などへの道民意識が高まる中、道内で加工・消費される小麦を輸入小麦から道産小麦へ転換する「麦チェン!北海道」に取り組んでいます。

その一環として、道産小麦を使用した商品を積極的に提供している店舗を「麦チェンサポーター店」として認定し、道のホームページなどでPRしています。麦チェンサポーター店は、5年3月末現在で、パン・菓子店を中心に339店舗となっています。

地理的表示保護制度の活用推進

「特定農林水産物等の名称の保護に関する法律」(地理的表示法)が平成27年6月1日に施行され、令和5年3月末現在で、北海道の農産物では「夕張メロン」「十勝川西長いも」「今金男しゃく」「ところピンクにんにく」および「十勝ラクレット」の5件が地理的表示(GI)に登録されています。

地域ブランド産品として差別化や保護が図られるほか、地理的表示保護制度の効果的な活用により、北海道の安全・安心でおいしい農林水産物・食品について、販売価格への反映や海外展開への可能性が広がるなど、農林漁業者や商工業者の所得増大につながることが期待されています。

● 北海道米の道内食率の推移

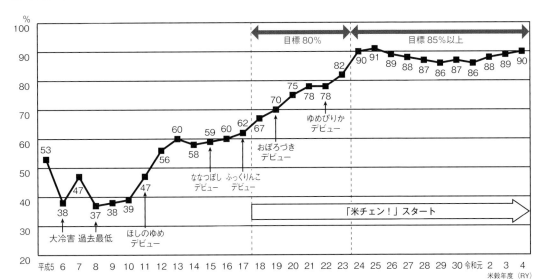

資料:北海道農政部調べ　注:米穀年度は前年11月～当年10月まで

年間を通じて北海道米プロモーションを実施中

麦チェン!ロゴ

農地の動向と土地利用

耕地面積

　北海道の耕地面積は、平成2年の120万9,000haをピークに減少傾向にあり、令和4年は114万1,000haとなっています。農作物作付け（栽培）延べ面積で見ると、3年は113万3,000haで、耕地利用率は99.1％に上っています。

農地価格

　農地価格は昭和58～59年を境に低下傾向にあり、令和4年は10a当たり中田が23万8,000円、中畑は11万4,000円、それぞれピーク時の45.4％、49.4％です。契約賃借料も同様に、4年は10a当たり田が9,702円、畑が4,277円、それぞれピーク時の37.6％、58.1％です。最近の農地価格の低下は、経営規模の拡大を志向する農業者らによる農地の権利取得を容易にしています。

農地流動化と優良農地の確保

　2年の農地および採草放牧地の権利移動面積は10万8,936haで、前年に比べ1万7,072ha（18.6％）の増加となりました。このうち経営規模の拡大につながる「売買と賃貸借による権利移動面積（農地流動化面積）」は7万8,514haで、前年に比べ9,864ha（14.4％）の増加となっています。また、農地流動化面積に占める売買と賃貸借の割合を見ると、賃貸借が売買を上回っており、賃貸借が47.7％、売買が24.3％となっています。

　道は農業振興地域の整備に関する法律に基づき、「農業振興地域」を指定しており、その面積は3年12月末現在で293万3,954haと、道の総土地面積の約35％となっています。このうち市町村が定める「農用地区域」面積は131万9,494haと前年に比べ0.2％減少しました。

　2年12月に国の「農用地等の確保等に関する基本指針」が見直され、道も3年5月に「北海道農業振興地域整備基本方針」を変更し、12年時点で確保すべき農用地区域内の農地面積は112万2,000haと定めています。

3年12月末現在で112万3,561haとなっており、今後とも農地のかい廃が見込まれることから、農用地区域への編入促進や荒廃農地発生防止、解消などにより優良農地を確保することが求められています。

● 耕地面積の推移

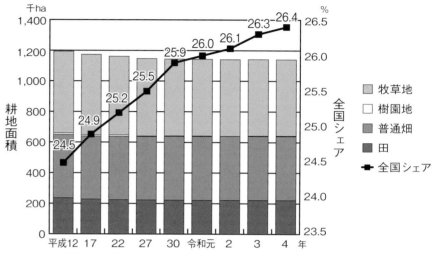

資料:農林水産省「耕地及び作付面積調査」

● 農地および採草放牧地の権利形態別移動面積の推移

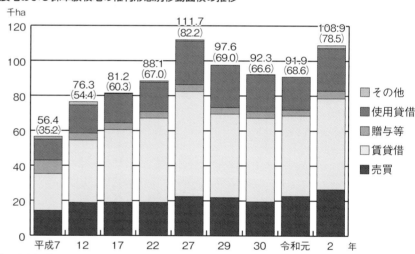

資料:農林水産省「土地管理情報収集分析調査（平成21年まで）」「農地権利の移動・借賃等調査（22年以降）」
注:1)（　）内は売買と賃貸借の合計面積（農地流動化面積）
　　2)農地流動化面積には、農地保有合理化事業による権利移動（＝買い入れ、一時貸し付け、売り渡しなど）の面積が含まれている
　　3)賃貸借および使用貸借は、権利の設定のみで、移転はその他に含まれる

● 担い手への農地利用集積面積の推移

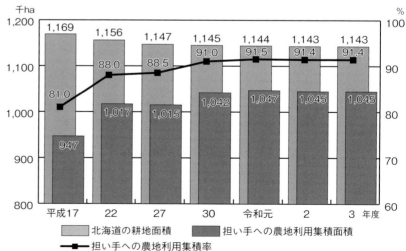

資料:北海道農政部調べ　　注:北海道の耕地面積は各年度7月15日現在、担い手への農地利用集積面積は各年度3月末現在

農業経営

北海道では1経営体当たりの農業所得が総所得の9割近くを占め、都府県と比べてみると農業への依存度が高いのが特徴です。

北海道の令和3年の全農業経営体（個人＋法人）の1経営体当たり農業粗収益は4,530万円で、作物収入は1,748万円、畜産収入は1,833万円となりました。また農業経営費は3,967万円、農業所得は563万円となりました。

水田・畑作・酪農の所得

営農類型別に見ると、水田作経営農家の農業粗収益は1,564万円となり、農業経営費は1,283万円。その結果、農業所得は281万円となりました。

畑作経営農家の農業粗収益は、5,087万円。農業経営費は3,856万円で、農業所得は1,230万円となっています。酪農経営農家の農業粗収益は8,983万円で、このうち生乳による収入が6,562万円（73.0％）となりました。また、農業経営費は7,933万円、農業所得は1,050万円となっています。

● 農家経済の概要（農業生産物販売を目的とする個別経営1経営体当たり）

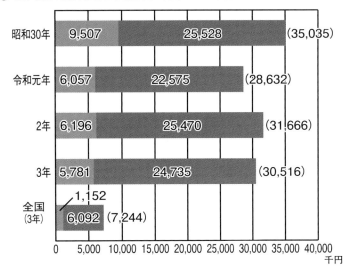

■農業所得　■農業経営費　（　）内は農業粗収益

資料：農林水産省「農業経営統計調査」

● 営農類型別の農家経済（個人経営体）

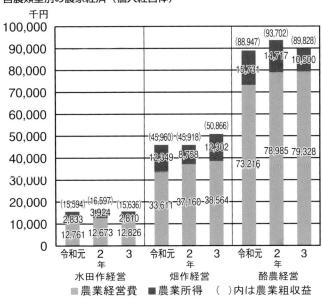

■農業経営費　■農業所得　（　）内は農業粗収益

資料：農林水産省「営農類型別経営統計」

● 農業物価指数

区分	平成22年	27年	29年	30年	令和元年	2年	3年
農産物価格総合	83.7	90.1	97.7	100.7	98.5	100.0	100.8
農業生産資材総合	88.8	98.2	97.1	98.9	100.1	100.0	106.7
肥料	92.0	101.2	93.8	95.4	99.2	100.0	102.7
農薬	95.4	97.8	97.2	97.2	98.2	100.0	100.2
飼料	82.0	102.1	94.4	98.2	99.4	100.0	115.6
農機具	95.6	97.7	97.9	97.9	98.4	100.0	99.9
光熱動力	94.0	100.9	96.6	108.0	107.8	100.0	112.3

資料：農林水産省「農業物価統計」
注：指数は令和2年を100とする

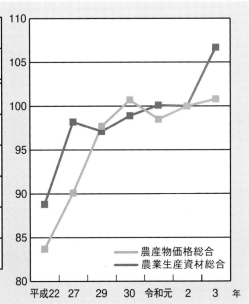

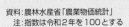

稲作

北海道の大区画水田

収穫間近の稲穂

北海道の水稲は、明治6年に中山久蔵が札幌郡月寒村島松（現在の北広島市島松）で試作に成功して以来、耐冷性品種の育成や栽培技術の改善により生産地を拡大してきました。その後、昭和44年に作付面積はピークの26万6,200haに達しましたが、国内全体で生産量が過剰となり、生産調整が実施され、北海道米の作付面積も減少に転じました。

令和4年産米の生産状況

北海道の令和4年産米の作付面積は前年から2,500ha減少し9万3,600ha。直近の5年間の作柄は、作況指数が平成30年産を除いて100を超える豊作基調にあり、特に令和4年産の10a当たり収量は591kgで、作況指数106の「良」となりました。収穫量（子実用）は55万3,200tと前年を下回りました。品種別の作付割合（3年産米）は「ななつぼし」がトップで45.9％、次いで「ゆめぴりか」23.5％、「きらら397」9.1％の順となりました。

米の相対取引価格は、平成27年産以降、飼料用米の生産拡大など、全国的な主食用米の在庫量改善に向けた取り組みが進んだことなどにより上昇し、29〜令和元年産までは横ばいとなりました。2〜3年産は、人口減少などによる米の需要量の減少に加え、新型コロナウイルス感染症による外食など業務用米の需要低迷の影響などにより、価格は下落傾向にありましたが、4年産は外食需要の回復が見られることなどから回復傾向にあります。

売れる米づくりを

近年、「ななつぼし」や「ゆめぴりか」などの良食味品種の登場や、計画的な土地基盤の整備、生産者の高品質かつ良食味米生産に対する取り組みなどから、1等米比率が全国平均を上回るなど、北海道米の品質は着実に向上して

います。（一財）日本穀物検定協会による4年産米の食味ランキングで、「ななつぼし」「ゆめぴりか」「ふっくりんこ」が最高ランクである「特A」を獲得するなど、全国的にも高い評価を受けています。

道は「北海道優良品種作付指標」を策定し、品種特性に応じた適地適作を

推進しています。主食用米の需要量が年々減少する中、業務用や加工用、輸出用などの需要に応じた生産により水稲生産力の維持・確保を図る必要があることから、直播適性に優れ業務用需要も期待できる「えみまる」をはじめ、冷凍ピラフなどの加工米飯用に適した「大地の星」、酒造用に適した「吟

● 米の作付面積と収穫量の推移
■作付面積

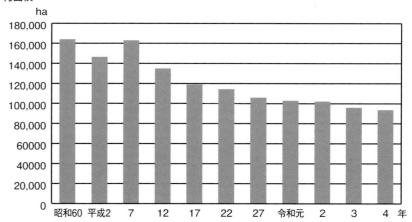

（縦軸：ha、単位20,000刻み、最大180,000）

横軸：昭和60　平成2　7　12　17　22　27　令和元　2　3　4　年

■収穫量

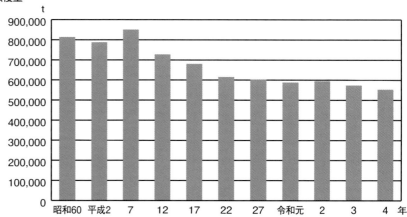

（縦軸：t、単位100,000刻み、最大900,000）

横軸：昭和60　平成2　7　12　17　22　27　令和元　2　3　4　年

資料：農林水産省「作物統計」

● 米の卸相対取引価格の推移

（単位：円／玄米60kg）

品種銘柄（産地）	令和元年産	2年産	3年産	令和4年産（速報値）			
				1月	3月	5月	7月
ななつぼし（北海道）	15,869	14,382	12,687	14,154	14,229	14,715	14,416
ゆめぴりか（北海道）	16,800	16,945	15,451	15,505	15,310	15,637	15,338
きらら397（北海道）	15,420	13,379	11,955	13,785	13,366	−	−
全銘柄平均	15,716	14,529	12,804	13,946	13,877	13,907	13,840

資料：農林水産省「米穀の取引に関する報告」
注：価格には、運賃、包装代、消費税相当額が含まれている

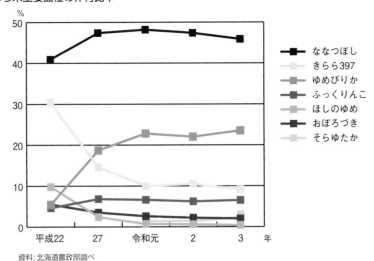

● うるち米主要品種の作付比率

凡例:
■ ななつぼし
□ きらら397
■ ゆめぴりか
■ ふっくりんこ
□ ほしのゆめ
■ おぼろづき
□ そらゆたか

（横軸）平成22　27　令和元　2　3　年

資料：北海道農政部調べ

風」「彗星」「きたしずく」、冷めても軟らかさが長持ちするもち品種「はくちょうもち」「きたゆきもち」「風の子もち」、多収で飼料用に適した「そらゆたか」など、多様なニーズに対応した米づくりが進められています。令和5年2月には、多収で耐病性に優れた新品種「空育195号」が新たに優良品種に認定され、中食・外食向け品種として普及が期待されています。

さらに、経営規模の拡大や担い手の高齢化などによる労働力不足に対応するため、ICT（情報通信技術）の活用や水田の大区画化、地下かんがいシステムの整備と組み合わせた直播栽培の導入など省力化の取り組みが進められています。

米政策改革への対応

国は行政による米の生産数量目標の配分（行政による生産調整）を廃止した平成30年産以降「需給見通し」を策定・公表し、これを基に生産者や集荷業者・団体が需要に応じた生産量を決めています。

道は29年7月、道内の生産者、農業関係機関・団体、集荷業者、行政などの米関係者が一体となったオール北海道体制での需要に応じた米生産を目的に、北海道農業再生協議会内に水田部会を設置しました。

30年産以降、水田部会を通じて全道および地域段階の「生産の目安」を設定しています。令和5年産は主食用米の生産の目安として、うるち・もちを合わせて作付面積8万2,482ha、生産量45万8,602ｔと定めました。また、加工用途・その他を含む水稲全体の生産の目安は、10万3,261ha、57万3,700ｔと設定しています。

国は、定着性や収益性が高い畑作物への転換に向け、交付対象水田の取扱いについて、4～8年の5年間で一度も水稲作付けしない農地は交付対象から除外する方針を3年に示しました。道では、オール北海道でこれに対応するため3年12月に関係機関連絡会議を立ち上げ、4年9月に国へ産地形成に向けた支援や需要に応じた米生産と水田有効活用の推進、畑作物などの本作化に向けた支援を提案しました。今後も国の措置内容を踏まえ、オール北海道で課題を共有し、対応策の検討を進めるとともに、必要な対策を国に求めることとしています。

民間企業と連携した北海道米の消費拡大

道は、北海道米を応援する企業、団体と連携して消費拡大のプロモーションに取り組んでいます。令和4年度は、年間を通じた米食を提案するため、「食べらさるマーク」を目印に北海道米使用商品の店頭でのPRやテレビCMの放映、旅雑誌への掲載を行いました。

また、企業と農業団体とのマッチングを通じて、民間企業3社との連携による北海道米の消費拡大活動が実現。ななつぼし使用の甘酒商品と連携した北海道米が当たるキャンペーンや、オムライス日本一を決めるイベントの北海道大会での北海道米使用、新千歳空港ダイヤモンドプレミアラウンジでの減農薬・減化学肥料栽培米で握ったおにぎりの提供を行いました。

これからも、北海道米の消費拡大に向け、道内企業や関係機関と連携しながら、さまざまな取り組みを進めていきます。

食べらさるマーク

企業、団体との連携による消費拡大

畑作

大型コンバインで行う小麦収穫

機械による小豆の収穫

馬鈴しょの花

収穫されたてん菜

　北海道の畑作は麦類、豆類、馬鈴しょ、てん菜の4品が柱となっています。安定的な生産のためには、これらの輪作体系の確立と維持が重要です。

小麦

　小麦は開拓初期から奨励され普及してきました。昭和47年には安価な輸入小麦に押され作付面積が7,700haまで減少したものの、水田転作などにより平成元年には過去最高の12万9,700haに達し、近年は12万ha台で推移しています。国内需要は近年650万t程度で、国民1人当たりの消費量は40kg／年。国内需給については政府が計画的にアメリカやカナダ、オーストラリアなどから輸入しており、近年は540万〜600万tの間で推移し

ています。令和3年の自給率は国内生産量が増加したことから17％に上昇しました。

　地域別の作付割合は、畑作地域の十勝とオホーツク管内で全道の56.3％を占めるほか、水田転作地域の空知と上川管内は29.3％、この4管内で全道の85.6％が作付けされています。

　北海道の4年産小麦は、10a当たり収量は470kg（平均対比91％）、収

穫量は61万4,200tとなりました。農産物検査での1等麦比率は83.0％です。品種で見ると日本めん用途の秋まき小麦「きたほなみ」、パン・中華めん用途の春まき小麦「春よ恋」「はるきらり」、秋まき小麦「ゆめちから」「キタノカオリ」などが作付けされています。また、北海道で初となる菓子用品種の秋まき小麦「北見95号」が育成され、今後の普及が期待されています。

● 小麦の作付面積と収穫量の推移

■作付面積

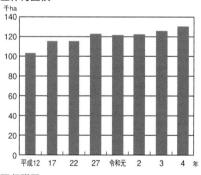

■収穫量

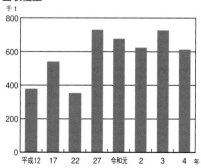

資料：農林水産省「作物統計」

● 大豆の作付面積と収穫量の推移

■作付面積

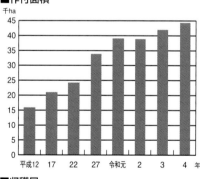

■収穫量

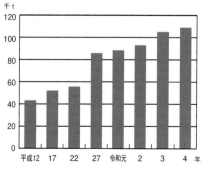

資料：農林水産省「作物統計」

● 小豆の作付面積と収穫量の推移

■作付面積

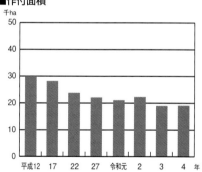

■収穫量

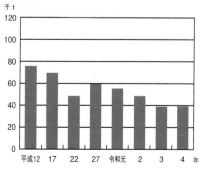

資料：農林水産省「作物統計」

大豆

　北海道は全国でも豆の主要な産地として知られていますが、豆類は寒さに弱いことから、生産量や価格の変動が大きいため、安定的な生産を図るための取り組みが進められています。北海道産の大豆は、煮豆、納豆など高い品質が求められる食品用として使用されています。北海道の4年産大豆の作付面積は4万3,200haと再び増加に転じました。10a当たりの収量は252kgと平年対比108％となり、収穫量は10万8,900tと、前年と比べ3,500t増加しました。

雑豆（小豆、いんげん）

　北海道産の小豆は、風味が良く品質が優れていることから製あん、甘納豆、製菓原料として高い評価を受けています。いんげんも風味の良さ、加工しやすさの面から煮豆、製あん、製菓原料として高く評価されています。小豆の作付面積は、平成27年産までの豊作と価格低迷により大豆への転換が進み、大きく減少しました。農業団体の作付け推進により29年産に増加に転じましたが、新型コロナウイルス感染症による需要減と価格下落で令和3年産は大きく減少し、4年産は1万9,100haと横ばいとなっています。10a当たり収量は206kgで平年対比88％、収穫量は3万9,300tと前年並みとなりました。

　4年産いんげんは作付面積5,780haと前年に比べ大きく減少しましたが、10a当たり収量は140kg、収穫量は8,090tと昨年から大幅に増えました。

　実需者からは道産雑豆の供給量確保や作付面積拡大が求められています。

馬鈴しょ

　北海道の馬鈴しょ栽培は明治初めの開拓使設置以来、開拓者の自給食物として急速に普及しました。その後、でん粉原料として生産が拡大し、昭和50年代以降、生食用や加工食品用も増加しました。

　近年は労働力不足や収益性の低下などにより減少傾向にありましたが、旺盛な需要への対応などから、令和4年産の作付面積は4万8,500haと、前年産より1,400ha増加しました。10a当たりの収量は平年対比104％の3,750kg、収穫量は181万9,000tとなりました。

　品種別の作付面積は、生食用は「男爵薯」「メークイン」、加工用は「トヨシロ」、でん粉原料用は「コナヒメ」が中心です。一方、馬鈴しょの難防除害虫で収量の低下をもたらすジャガイモシストセンチュウ抵抗性品種への転換が進められており、食味に優れた生食用品の「キタアカリ」やポテトチップ用の「きたひめ」、サラダ適性を持つ業務用向けの「さやか」などの作付けが増加しています。

てん菜

　てん菜は明治初期に勧農政策の一環として導入され、官営製糖工場も建設されましたが、戦前は大きな進展には至りませんでした。戦後、輪作体系の中核的な作物として奨励されたことで、広がっていきました。

　国内では北海道だけで栽培されており、国内産供給量の約8割を占める重要な砂糖原料です。てん菜は寒さに強く寒冷地畑作の基幹作物として重要であり、副産物のビートパルプ（製糖かす）は家畜の飼料などとして利用されています。

　てん菜の作付面積は、生産者の高齢化や経営規模の拡大に伴う労働力不足に加え、他品目への作付転換などにより減少傾向で推移しており、令和4年産は5万5,400haとなりました。作付け農家戸数は年々減少し、4年は平成12年と比べると約4割減少し、1戸当たりの作付面積は8.5haと規模拡大が進んでいます。このため、直播栽培が年々拡大するとともに作業の共同化、外部化に取り組む地域も増えています。

　10a当たり収量は29年以降、平年を上回っていましたが、令和4年産は下回る6,400kg。根中糖分も平年を下回る16.1％となりました。その結果、収穫量は354万5,000t。産糖量は56万2,000tとなりました。

● いんげんの作付面積と収穫量の推移

■作付面積

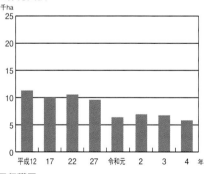

■収穫量

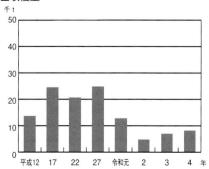

資料：農林水産省「作物統計」

● 馬鈴しょ（春植え）の作付面積と収穫量の推移

■作付面積

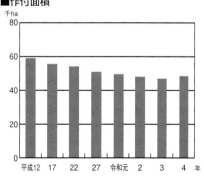

■収穫量

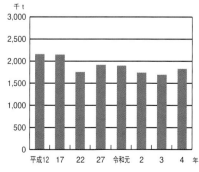

資料：農林水産省「作物統計」

● てん菜の作付面積と収穫量の推移

■作付面積

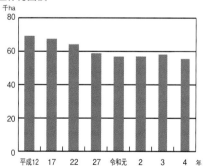

■収穫量

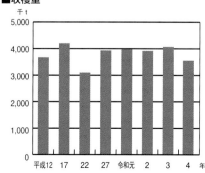

資料：農林水産省「作物統計」

かぼちゃも全国 No.1 の生産量

広い農地でつくられるたまねぎ

野菜

　日本国内の野菜生産は、生産者の高齢化による労働力不足、資材費や輸送費の高止まりによる生産コストの上昇などにより、生産者の作付け意欲が低下。そうした中、生産量は横ばいで推移し、令和3年の国内生産量は1,102万tと前年に比べて3.7％減となりました。

　野菜の輸入は加工用途や中食、外食などの業務用途の需要増加に伴い平成17年度に過去最高を記録しましたが、その後、輸入食品の事故などを背景に21年度まで減少傾向で推移しました。しかし異常気象などにより22年度から国産野菜の価格が高騰したため、加工や業務用を中心にして輸入量が再び増加に転じたものの、令和3年度は290万tと前年に比べて3.1％減少しました。

　野菜は北海道農業の主要作目として、稲作や畑作との複合経営など、各地域の気候や土地条件、社会的条件などを生かした特色ある産地づくりが行われています。作付面積は平成4年をピークに減少傾向にありましたが、18年から22年までは畑作地帯での野菜の導入などから増加に転じました。令和元年以降は減少傾向で、3年は5万687haでした。

　野菜の農業産出額は耕種部門の38.3％を占めているものの、価格動向などからここ数年増減を繰り返しており、3年は2,094億円と前年から51億円減少しています。

花き

　北海道の花き生産は、昭和40年代以降に水田転作作物として切り花が導入され、その後の需要拡大を受けて、60年代に入ってからは道央や道南を中心とした全道の水田地帯で産地化が進みました。しかし、平成13年をピークに作付面積は減少傾向で推移しています。

主要野菜の作付面積と収穫量の推移

■作付面積

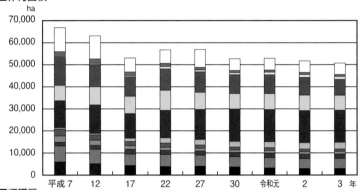

■収穫量

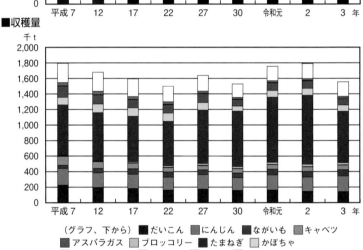

（グラフ、下から）■だいこん ■にんじん ■ながいも ■キャベツ ■アスパラガス ■ブロッコリー ■たまねぎ ■かぼちゃ ■スイートコーン ■えだまめ ■メロン □その他

資料：農林水産省「作物統計」「野菜生産出荷統計」
注：面積の野菜計は農作物作付延べ面積の野菜から馬鈴しょを除いたもの

　令和3年の道内の花き作付面積は、切り花類417ha、花壇用苗もの類27haとなっています。鉢もの類などを含む産出額は前年比1.6％増の131億円となりました。

　切り花類では、スターチス、カーネーション、デルフィニウム、ゆり、ひまわり、アルストロメリアが出荷量の上位となっています。北海道の冷涼な気候により、花の発色が鮮やかで市場評価が高く、また、切り花全体の約7割が都府県の端境期である7～9月に出荷されており、関東・関西市場を中心に道外移出が全体の約7割を占めています。一方で、ここ数年は生産資材や輸送コストの高騰、新型コロナウイルス感染症の影響などにより情勢は厳しさを増しています。

　2年7月、花き産業の持続的な発展と道民の豊かで健康的な生活の実現を目的とした「北海道花きの振興に関する条例」を公布しました。また、同条例に関連し、12年度を目標とした2期となる「北海道花き振興計画」を策定。道と生産者組織、流通・販売関連団体などで構成する「北海道花き振興協議会」が主体となり、道産花きの生産振興と需要拡大に取り組んでいます。

果樹

　北海道の果樹生産は昭和40年代をピークに、りんご栽培を中心として発展してきましたが、高齢化や労働力不

足などから栽培面積は長期的な減少傾向となっており、近年は約2,500haで推移しています。また、令和3年の農業産出額は前年比11.6％増の77億円となりました。

　品目別の栽培面積では、基幹品目のりんご、ぶどう、おうとうの3品目で樹園地面積全体の約8割を占めており、近年、りんごとおうとうがほぼ横ばいで推移する一方、ぶどうの栽培面積が増加しています。また、機能性成分を豊富に含んだハスカップやブルーベリー、アロニアなどの小果樹も栽培されています。

　醸造用ぶどう専用品種の栽培面積は全国第1位で、道内では栽培が難しいとされていた「ピノ・ノワール」や「シャルドネ」など世界的に人気の高い品種の導入も進んでいます。2年には、池田町が独自開発した「山幸」が国際ブ

ハスカップの実

そばの花

ドウ・ワイン機構（OIV）に品種登録され、北海道の気象条件に適した品種が国際的に認められる動きも見られます。また、近年は小規模なワイナリー設立を希望する新規参入者も増えており、5年3月現在、道内のワイナリー数は55カ所と、10年前の約3倍となっています。

そば
　北海道のそばは風味など品質に優れ、平成23年度から農業者戸別所得補償制度の支援対象となって以降、年々作付けが拡大していましたが、令和3年産から減少に転じ、4年産は2万4,000haと、300ha減少しました。主産地の空知で300ha減少しています。10a当たり収量は76kg、収穫量は1万8,300tと、全国生産量4万tの46％を占めています。

特用作物の菜種
　地域特産物の資源として活用されるとともに、所得の確保や輪作体系の補完のため、地域で特色のある多様な作物が栽培されています。中でも菜種は花による景観形成のほか、子実を主に菜種油として加工、流通できることから作付面積が増加しています。

● 花き（切り花類）の作付面積、出荷量の推移
■作付面積

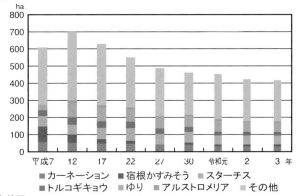

■カーネーション　■宿根かすみそう　■スターチス
■トルコギキョウ　■ゆり　■アルストロメリア　■その他

■出荷量

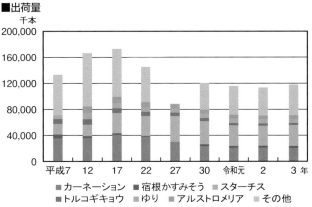

■カーネーション　■宿根かすみそう　■スターチス
■トルコギキョウ　■ゆり　■アルストロメリア　■その他

資料：農林水産省「花き生産出荷統計」、北海道農政部「花き産業振興総合調査」
※平成25年以降、宿根かすみそうはその他に含む

● 果樹の栽培面積の推移

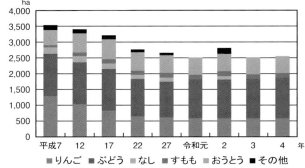

■りんご　■ぶどう　■なし　■すもも　■おうとう　■その他

注：令和元、3、4年は「なし」「その他」の統計値は公表されていない
資料：農林水産省「耕地及び作付面積統計」

● そばの作付面積、収穫量の推移
■作付面積

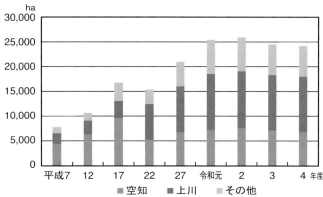

■空知　■上川　■その他

■収穫量

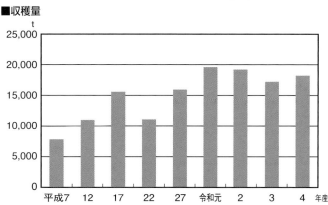

資料：総数は農林水産省「作物統計」、総合振興局・振興局別内訳は農産振興課調べ

酪農

北海道の酪農は、明治6年に開拓使がアメリカから招へいした「北海道酪農の父」エドウィン・ダンにより基礎がつくられました。その後、23年にホルスタイン種が導入され、昭和に入って乳牛飼育が本格化しました。戦後、食生活の変化に伴う牛乳や乳製品需要の拡大を背景に、飼料基盤や近代化施設の整備が進められ、酪農経営は急速に近代化・大型化。乳用牛飼養農家戸数は減少傾向である一方、1戸当たりの飼養頭数や生乳生産量が増加し、令和元年度に史上初めて生乳生産量400万tを上回りました。

しかしながら、新型コロナウイルス感染症の流行に伴い生乳需給が緩和し、生産者団体は生乳生産目標を抑制したことなどから、4年度の生乳生産量は前年度比1.34％減の425万tとなりました。また、4年2月1日現在の乳用牛飼養農家戸数は前年と比べ150戸減の5,560戸、飼養頭数は前年比2.0％増の84万6,100頭、1戸当たりの飼養頭数は前年比4.7％増の152.2頭となっています。全国シェアは約56％と生乳の安定供給に対する北海道の役割と責任はますます高まっています。

生乳輸送船の就航など輸送体制の強化が図られ、生乳の道外移出量は2年度に過去最高の54万2,906tとなりました。近年は、北海道の工場でパックされた、いわゆる「産地パック」などの飲用牛乳の

増える乳用牛の1戸当たり飼養頭数

道外移出が着実に伸びています。4年度の生乳道外移出量は48万t、飲用牛乳等は41万tとなりました。

牛乳・乳製品需要の動向

生乳は全国の生産量の5割以上が飲用牛乳等向けで、その消費動向は全体の需給に大きな影響を与えています。一方、鮮度が求められる飲用牛乳と違い、脱脂粉乳やバターなどの乳製品は長期保存が可能なため、加工用途向けの生乳処理は需給調整弁としての重要な役割を担っています。

4年度の生乳処理量は、飲用向け乳価の値上げによる需要低下やさまざまな物価高騰により、飲用牛乳等向けが前年度から0.7％減少し約57万t、乳製品向けが前年度から1.6％減少し約317万tとなっています。

国内の乳製品の在庫数量は、生産抑制や生産者団体の販売対策などにより、バターは27.1％減の2万8,831tとなりました。また、脱脂粉乳は4年5月には過去最高の10万4,206tまで在庫が積み上がったものの、全国協調の在庫削減対策などにより、34.1％減の6万4,392tに減少しましたが、需要の低迷により、再び在庫量が増加する可能性があることから、引き続き関係機関・団体と連携しながら消費拡大などの取り組みを進める必要があります。

良質乳の継続的な生産

消費者の食の安全・安心志向が高まる中、乳業者や関係機関・団体は良質な生乳を提供するため、平成14年度に抗菌性物質残留事故の防止に向けた検査体制を整備し、15年度からHACCP

● 乳用牛飼養頭数の推移

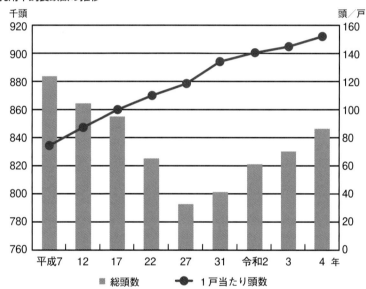

資料:農林水産省「畜産統計」 注:各年2月1日現在

● 生乳生産量の推移

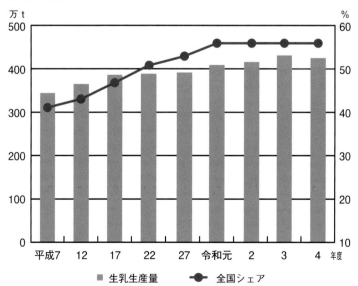

資料:農林水産省「牛乳乳製品統計」（令和4年度は概算値）

的手法を導入した衛生管理を農場で推進しています。18年度にはポジティブリスト制度に対応した生産者段階での生産履歴の記帳・記録の徹底、バルククーラー（搾乳機に接続された、生乳を一時貯蔵する冷却器付きタンク）自記温度計の設置など、安全・安心な生乳生産や供給体制の構築のためのトレーサビリティーシステムを運用しています。こうした積み重ねで、関係者の乳質改善への意識や技術は着実に向上し、令和4年度は生菌数1.4万／ml以下の割合が97.2％、体細胞数30.4万／ml以下の割合が98.5％と北海道生乳の品質は高い水準を維持しています。

国は畜産経営の安定に関する法律を改正して平成30年4月1日に施行し、加工原料乳生産者補給金制度を恒久的な制度として位置付けました。これにより、指定生乳生産者団体に出荷する酪農家のみに加工原料乳生産者補給金を交付する仕組みから、指定団体以外に出荷する酪農家にも補給金が交付されるように改められました。また、集送乳を行う事業者を全て「指定事業者」として、集送乳調整金が交付されることになりました。

北海道唯一の指定事業者のホクレンは、乳業メーカー各社との生乳取引交渉の結果、飲用向け等の取引価格を令和4年11月から10円、乳製品向け等を10円、5年8月から飲用向け等を10円引き上げました。なお、5年度の加工原料乳生産者補給金は前年度比43銭増の11.34円／kg、交付対象数量は前年より15万t減の330万tに設定されたものの、関連

対策で別途10万tが措置され最大340万tとなりました。また4年度の加工原料乳価格の低落に伴い、生産者経営安定対策事業（ナラシ）が発動され、この結果、

5年度の生産者の手取り価格（プール乳価）は9.81円／kg増の110.25円／kg程度と見込まれています。

● 生乳と飲用牛乳等の道外移出量

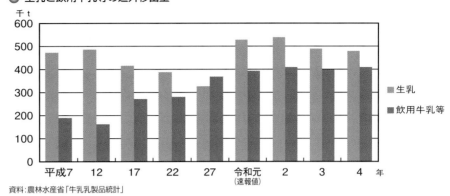

資料：農林水産省「牛乳乳製品統計」

● 生産者乳価の推移と見込み

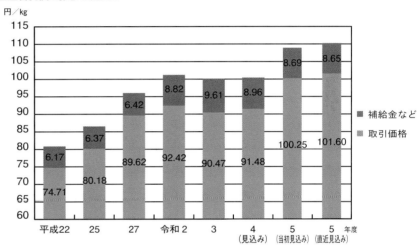

資料：ホクレン調べ
注：1）平成25年度までは消費税相当額は5％。26年度以降は8％。令和元年度10月から10％
　　2）令和4・5年度は現状での試算

● 乳質の推移

（単位：％）

	12年度	17年度	22年度	30年度	令和元年度	2年度	3年度	4年度
乳脂肪分率	3.99	4.02	3.94	3.96	3.97	3.98	4.01	4.06
無脂乳固形分率	8.74	8.77	8.74	8.79	8.78	8.78	8.82	8.81
生菌数10.4万／ml以下	100.0	100.0	100.0	100.00	100.00	100.00	100.00	100.0
生菌数1.4万／ml以下	90.80	98.50	98.70	98.40	98.20	98.00	97.6	97.2
体細胞数30.4万／ml以下	82.90	97.70	98.30	98.40	98.40	98.60	98.7	98.5

資料：(公社)北海道酪農検定検査協会「合乳検査成績」（令和4年12月分までの平均）

やっぱり道産Do！チーズプロジェクトを実施

生乳需給の緩和による生産抑制や飼料価格の高騰などで酪農経営が厳しい状況になっていることから、道は酪農支援キャンペーン事業「やっぱり道産Do！チーズプロジェクト」を実施しました。国内消費が伸びているチーズの、輸入品から道産品への置き換えなどで道産チーズの消費拡大、酪農の理解醸成を図るのが目的です。

具体的には、道産チーズを使用したピザを提供する企業と連携した特設サイトやSNSによる商品紹介、道内108店舗のコープさっぽろでのプロモーション展開、道産食材にこだわる「北のめぐみ愛食レストラン」認定店でのメニュー提供とSNSでの発信など。道では引き続き道産牛乳・乳製品の消費拡大に向けた取り組みを推進していきます。

キックオフイベントで道産チーズを使用したピザ試食会

畜 産

肉用牛

特定病原菌を持たない SPF 豚

肉用牛

　令和3年度の全国の牛肉需給量（部分肉ベース）は88万7,000 t で、内訳は国産が32万7,000 t、輸入が55万9,000 t となっています。3年の枝肉生産量は全国で47万7,400 t、そのうち北海道の生産量は9万4,600 t で全国1位（全国シェア19.8％）となっており、品種別の生産量は肉専用種が7,800 t（全国シェア3.3％）、乳用種（交雑種を含む）が8万6,800 t（全国シェア36％）で、道内の枝肉生産量の91.8％を乳用種が占めています。

　牛肉の価格は、東日本大震災の影響などから一時下落しましたが、以降は需要の回復や国内出荷頭数の減少により平成28年には過去最高水準まで高騰しました。令和2年には、新型コロナウイルス感染症に伴う需要低下で価格が大幅に下落しましたが、3年は家計消費に支えられ堅調に推移していたものの、4年1月以降は年末需要の反動や物価高騰による家庭での牛肉消費の停滞などの影響により、前年を下回って推移しています。

　平成30年にTPP11、31年に日EU・EPA、令和2年に日米貿易協定がそれぞれ発効し、関税率が段階的に引き下げられています。

　TPP11、日EU・EPAおよび日米貿易協定においては、それぞれ輸入急増に対するセーフガードが措置されています。

　4年度については、TPP11、日EU・EPAの協定による輸入基準量を下回っており、セーフガードの発動はありませんでした。一方、日米貿易協定では、3年3月にセーフガート措置が発動したことを受け、5年1月1日に同措置の適用条件にアメリカとTPP11締約国からの合計輸入数量が同発動水準を超過することが追加されたため、今後の動向を注視する必要があります。

豚

　4年2月1日現在の北海道の豚飼養頭数は72万7,800頭と年々増加。1戸当たり頭数は3,585頭で58頭減少しました。3年の枝肉生産量は全国で131万8,200 t、そのうち北海道の生産量は10万2,800 t と増加傾向で推移しています。4年の枝肉価格は飼料費などの生産費上昇や豚熱の影響による出荷頭数の減少、円安に伴うチルド品の輸入減などで、例年より高い水準で推移しました。

鶏

　4年2月1日現在の北海道の採卵鶏飼養羽数（成鶏雌）は525万6,000

● 肉用牛飼養頭数と1戸当たり頭数の推移

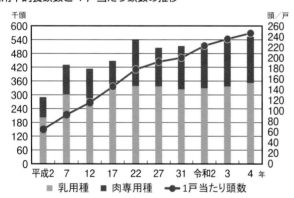

千頭／頭／戸

平成2　7　12　17　22　27　31　令和2　3　4 年

■乳用種　■肉専用種　ー◆ー1戸当たり頭数

資料：農林水産省「畜産統計」

● 豚の飼養頭数の推移

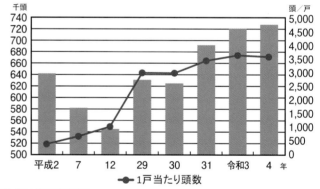

千頭／頭／戸

平成2　7　12　29　30　31　令和3　4 年

ー●ー1戸当たり頭数

資料：農林水産省「畜産統計」

■ 枝肉生産量

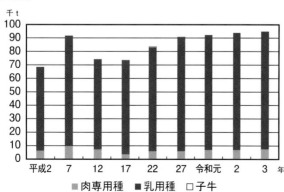

千t

平成2　7　12　17　22　27　令和元　2　3 年

■肉専用種　■乳用種　□子牛

資料：農林水産省「畜産統計」「食肉流通統計」

● 採卵鶏の飼養羽数（成鶏雌）の推移

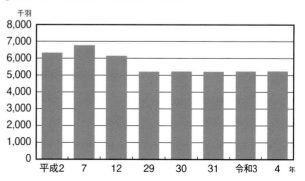

千羽

平成2　7　12　29　30　31　令和3　4 年

資料：農林水産省「畜産統計」

採卵鶏

頭部が黒いサフォーク種のめん羊

軽種馬牧場は観光資源にも

羽、3年の鶏卵生産量は10万2,898tと全国11位で、生産量と消費量がほぼ同じになっています。鶏肉生産は昭和60年代初めに本州企業が進出し、大規模なブロイラー（肉用若鶏）生産が開始され、令和3年のブロイラー出荷羽数が3,918万羽と、全国5位の食鳥生産地となっています。なお、北海道では4年秋から5年春にかけて高病原性鳥インフルエンザが5事例発生し、約152万羽が殺処分されました。

めん羊

北海道は全国のめん羊飼養頭数の約5割を占める全国1位の産地です。昭和30年代の羊毛、羊肉輸入自由化により一時は5,000頭を割り込むまでに飼養頭数が激減しましたが、近年はヘルシー志向の国産羊肉人気を背景に増加に転じており、令和4年は飼養戸数

191戸、飼養頭数1万3,396頭となっています。

道は平成30年からニュージーランドと連携して、飼養管理技術の改善による繁殖成績向上に取り組んできましたが、令和3年度からは「北海道めん羊生産振興事業」を新たに実施し、凍結精液の輸入や人工授精技術者の育成などを進めています。

軽種馬

北海道は全国の軽種馬生産頭数の9割以上を占める主要産地となっており、日高管内では全道の軽種馬生産の約8割を占め、産地の地域経済を支える基幹産業となっています。

種雌馬飼養戸数は競馬の発売額の減少や地方競馬の撤退などにより昭和50年（2,064戸）以降減少傾向にあり、令和4年は695戸となっていま

す。種付種雌馬飼養頭数は前年より微増の1万236頭、生産頭数は7,597頭となっています。

飼料作物

道は、優良な牧草品種の普及や草地の植生改善、サイレージ用とうもろこしの作付けなど、自給飼料の生産を推進しています。飼料作物の牧草やサイレージ用とうもろこしの作付面積は近年、微減傾向で推移しており、4年は前年と比べ、牧草が4,500ha（0.8％）減の52万5,200ha、サイレージ用とうもろこしが1,000ha（1.7％）増の5万9,000haで、全体は58万4,200haでした。

10a当たりの収量は、牧草が3,350kg（対前年比106.3％）、サイレージ用とうもろこしが5,300kg（同96.9％）となっています。

● めん羊の飼養頭数の推移

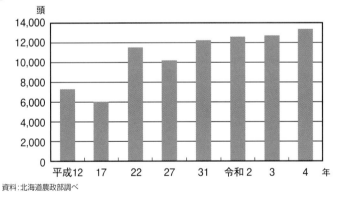
頭

資料：北海道農政部調べ

● 飼料作物の作付面積の推移

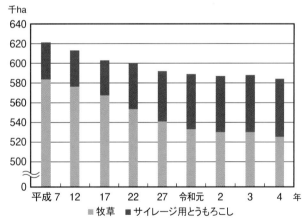
千ha

■ 牧草　■ サイレージ用とうもろこし

● 軽種馬の生産頭数の推移

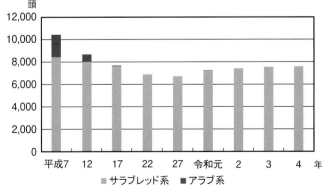
頭

■ サラブレッド系　■ アラブ系

資料：日本軽種馬協会・日本軽種馬登録協会「軽種馬統計」

● 飼料作物の生産量の推移

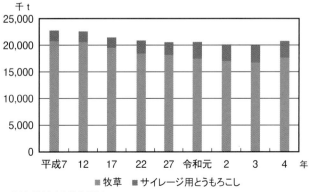
千t

■ 牧草　■ サイレージ用とうもろこし

資料：農林水産省「作物統計」

農産物の流通・加工・販売

主な農産物などの道外移出率

(単位：％)

区分	平成28年	29年	30年	令和元年	2年	3年
米類	67.1	67.4	69.9	69.4	67.5	64.4
小麦	78.9	79.4	81.2	78.0	80.5	79.8
でん粉	84.2	82.9	82.5	83.7	83.0	84.7
砂糖	90.0	89.0	90.1	90.4	91.3	91.6
野菜	74.8	73.6	67.7	74.0	73.6	71.4
乳製品	73.7	74.6	76.3	78.3	78.1	71.4
花き（切り花）	74.2	71.2	70.4	72.1	73.4	48.8

資料：国土交通省北海道開発局「農畜産物及び加工食品の移出実態調査結果報告書」
注：区分の「年」は当該農畜産物の出荷年

食料品製造業の原材料費比率・付加価値率・労働生産性（令和元年）

区分	北 海 道		全 国	
	食料品製造業	全製造業	食料品製造業	全製造業
原材料費比率 （原材料使用額）／（製造品出荷額等）	67.0%	61.4%	59.6%	60.9%
付加価値率 （付加価値額）／（製造品出荷額等）	28.1%	31.2%	34.7%	32.1%
労働生産性 （付加価値額）／（従業者数）	807万円／人	1,068万円／人	938万円／人	1,297万円／人

注：1）資料：経済センサス-活動調査（総務省・経済産業省）からデータを引用し、道が作成。事業所数、従業員数は令和3年、製造品出荷額等、付加価値額は2年
　　2）引用データは従業者4人以上の事業所、従業者29人以下の付加価値額は粗付加価値額

主体は道外出荷

北海道の農畜産物および加工品は、道外への販売が大きなウエートを占めており、主な出荷先は、関東や東海、近畿地域の大都市圏が大半です。

輸送手段は鉄道とトラック・フェリーがほとんどを占めていて、品目別に見ると、米類は鉄道やトラック・フェリー、小麦は内航船舶、生乳や乳製品はトラック・フェリー、また、鮮度が求められる花きや野菜、重量当たりの単価が高いイチゴなどの品目は航空機を利用する場合もあり、品目に応じて使い分けられています。

このように、四方を海で囲まれ大都市圏から離れている北海道では、安定的かつ効率的な物流の確保は重要である一方、農産物の道外移出は収穫期に集中する傾向にあり、作物についても生産地域に偏りがあるなど構造的な課題があります。また、トラック運転手をはじめとする物流を担う労働力が不足している中、農産物については、バラ貨物の手荷役による積み卸し作業が多い状況にあり、関係者が協力し合いながら、これらの課題を解決し、道内外への効率的・安定的な輸送を確保していくことが求められています。

製造品出荷額は全国1位

北海道の食料品製造業は、製造品出荷額で全国1位。令和2年の道内全製造業に占める製造品出荷額の38.2％、3年の事業所数では32.9％、従業員数の45.4％を占め、北海道の重要な基幹産業となっています。

特に、乳製品製造業や砂糖製造業など、北海道の農業生産と密接に結びついた大規模な原料供給型の業種が地域経済を支える大きな存在となっています。その一方、多くの事業所が小規模で生産量が少ないことや、付加価値の高い最終製品を製造する大型事業所が少ないため付加価値率は低い状況です。

販路拡大の取り組み

北海道ブランドの価値を高めるためには有機農産物、YES! clean農産物、きらりっぷ制度認証品など安全・安心で品質が優れた食品を積極的にPRし、道産農産物・食品の販路拡大を図ることが必要です。

このため、道が推奨するこれらの安全・安心な認証品などのほか、生産者から直接購入することができる農産物や農産加工品に関する情報を紹介する「北海道産食材お取り寄せガイド」をホームページで公開するなど、実需者や消費者に広くPRしています。また、道外で道産食材を活用した料理を提供し、道産食材の魅力を伝える外食店や中食店を「北海道愛食大使」として認定（令和5年3月末現在245店舗）しています。

道と農業、漁業団体などで構成する「北海道農畜産物・水産物輸出推進協議会」では、アジアを中心に、道産農水産

北海道からの主な品目の輸出実績（道内港）

(単位：t、百万円)

品目	平成30年		令和元年		2年		3年		4年		主な輸出先
	数量	金額	数量	金額	数量	金額	数量	金額	数量	金額	
ながいも	4,353	1,543	3,541	1,333	3,333	1,132	4,130	1,297	3,425	1,245	台湾、アメリカ
ミルク・クリーム	4,036	930	4,215	995	4,871	1,120	4,359	1,029	5,131	1,472	香港、シンガポール
米 [1]	889	305	1,764	534	1,837	520	2,303	624	3,711	900	香港、中国
豚肉	11	13	66	72	440	477	582	624	449	552	香港、シンガポール
たまねぎ	1,905	111	9,226	340	44,699	1,448	6,254	290	15,923	1,333	台湾
その他	672	598	903	729	1,331	844	1,493	892	1,123	767	
合計 [2]	11,866	3,500	19,715	4,003	56,511	5,541	19,121	4,756	29,762	6,269	

資料：財務省「貿易統計」
注：1）政府援助米（推定）は除く
　　2）日本酒は単位がリットルのため金額には含まれるが、数量には含まれない

物のプロモーション活動などに取り組んでいます。4年度は、日本最大級の輸出向け商談展「第6回"日本の食品"輸出EXPO」へ出展し、ゆめぴりかにホタテなどを乗せた試食品を提供するなどPRと商談を行いました。

4年に北海道から輸出された農畜産物は総額63億円となり、品目別に見ると、LL牛乳などのミルク・クリームが14億7,158万円と最も多く、次いでたまねぎが13億3,266万円、ながいもが12億4,468万円、米が9億17万円、豚肉が5億5,205万円で、この5品目で道産農産物などの輸出総額の約88％を占めています。道は、平成30年12月に道産食品の輸出額1,500億円を目指す「北海道食の輸出拡大戦略（第Ⅱ期）」を策定し、農畜産物などの輸出額を125億円に拡大する目標を掲げ関係者と連携して取り組んでいます。

農商工連携の取り組み

国は地方の元気を取り戻し、活力ある経済社会を構築するためには、地域経済の中核を成す中小企業者や農林漁業者の活性化を図ることが重要であるとして、20年5月に「中小企業者と農林漁業者との連携による事業活動の促進に関する法律」（農商工等連携促進法）を制定しました。これにより、農林漁業者と中小企業者が1次、2次、3次といった産業の壁を越えて有機的に連携し、互いのノウハウ、技術を活用して行う新商品の開発や販路開拓などの取り組みを行う場合に支援を受けられるようになりました。

国は、法律に基づき農商工等連携事業計画を認定しており、道内では、令和5年2月末現在で90件（うち農畜産物関係は74件）となっています。

北海道では国や道、札幌市、道内経済界・金融機関が資金を拠出し、北海道農商工連携ファンドが平成21年に組織され、農林漁業者と中小企業者などとの連携体がそれぞれの経営資源を活用して行う新商品・新サービスの開発や販路開拓などの取り組みに対し、ファンドから助成金を交付して支援してきました。令和元年11月には「北海道中小企業新応援ファンド（2号ファンド）」として新たにスタートし、2年度からも引き続き支援しています。

食クラスター活動の推進

食に関わる幅広い産業と大学や試験研究機関、関係行政機関、金融機関などの関係機関（産学官金）が連携・協働し、北海道ならではの食の総合産業の確立に取り組む「食クラスター」活動の全道的な推進母体として、平成22年5月に道や北海道経済連合会、北海道農業協同組合中央会、北海道経済産業局、北海道農政事務所が共同事務局となり、「食クラスター連携協議体」が発足しました。参画者間の連携・協働の下、商品開発・販路拡大、道産食品の輸出拡大、人材育成など食の総合産業化のための取り組みを推進しています。

また、総合振興局・振興局も、各地域で食クラスター活動として取り組み、売れる商品づくり、地域の雇用、所得、人材確保などを進めることで自立した地域社会の実現を目指しています。

商談会やEC、フェアなどで道産農産物をPRし販路拡大

令和4年度は、中国のロックダウンの影響を受けましたが、たまねぎの作柄が良好だったことや脱脂粉乳の国内在庫低減への取り組み、アメリカやヨーロッパなどでの米の不作による代替需要の取り込みなどにより、たまねぎやミルク・クリーム、米などの輸出額が増加しました。

こうした中で道は、重点的に取り組みを進めている米や日本酒、牛肉の商談会やEC（電子商取引）やライブコマース（ライブ配信とECとの組み合わせ）などの販売に取り組み、商流の維持・拡大につながりました。

また、中食や内食の増加に伴う家庭食需要への対応として、3カ国で料理教室と連携した農畜産物の販売フェアを開催し直接、消費者にPRし、道産農畜産物のファン獲得につなげました。

上海試食商談会で北海道米をPR

【輸出先国での販路拡大の取り組み】

［米］中国の上海市や中核都市の広州市などにおいて、現地の卸売業者や飲食店などを対象とした商談会を開催したほか、ECやライブコマースでの販売を実施

［日本酒］道内の酒蔵と連携し、フランスや中国、香港において展示会出展や商談会などを実施したほか、道内の酒蔵からのライブコマースにより直接、消費者にPR

［牛肉］アメリカでは和牛、タイでは和牛と交雑種の飲食店でのフェアや商談会を開催するとともに、EC販売も実施

【家庭食需要に対応した取り組み】

［シンガポール］蒸しとうもろこしの実演と試食を行いながら、青果物の販売を実施

［台湾］青果物や牛乳の販売のほか、現地料理教室と連携し、道産農畜産物などを使用したレシピや調理法についてSNSで情報発信するとともに、グループ購買を試行

［香港］野菜ゴロゴロカレーライスの動画を上映するとともに、青果物や牛乳の販売を実施

料理教室のレシピをSNSで発信

農業を巡る国際情勢

世界の穀物・大豆の需給

アメリカ農務省が令和5（2023）年4月に発表した穀物等需給報告によると、2022／23年度における世界の穀物の生産量は、消費量を下回る見通しです。このうち小麦については、生産量および消費量が史上最高となるものの、生産量が消費量を下回ることから、期末在庫量は前年度を下回る見通し。とうもろこしと米についても、生産量が消費量を下回り、期末在庫量は前年度を下回る見通しです。なお、大豆については、消費量が前年を上回るものの、生産量が史上最高となる見通しであることから、期末在庫量は前年度を上回る見通しです。

価格については、とうもろこしと大豆が史上最高値を記録した平成24（2012）年以降、世界的な豊作などから低下し、29（2017）年以降ほぼ横ばいで推移していましたが、令和2（2020）年後半から南米の乾燥や中国の輸入需要の増加、3（2021）年の北米北部の高温乾燥、さらに4（2022）年に入り、ロシアによるウクライナ侵攻などにより、小麦は史上最高値を更新しました。

わが国の食料を巡る国内外の状況は刻々と変化しており、新型コロナウイルス感染症の感染拡大に伴うサプライチェーンの混乱に加え、ロシアによるウクライナ侵攻などにより、小麦やとうもろこしなどの農作物だけでなく、農業生産に必要な原油や肥料などの農業生産資材についても、価格上昇や原料供給国からの輸出の停滞などの安定供給を脅かす事態が生じるなど、食料安全保障上のリスクは増大しています。

WTO農業交渉

WTO農業交渉とは、WTO（世界貿易機関）で進められている、農産物の市場アクセスや輸出競争、国内支持のあり方について新しい枠組みを決める交渉です。関税や国内補助金の削減、輸出補助金の撤廃などに関して話し合われていますが、4（2022）年の第12回閣僚会議では、農業交渉の「今後の作業計画」については合意に至らず、議論を継続することとなりました。

EPA／FTAの拡大

WTO交渉が停滞する中、1990年代以降、世界的に2カ国間（または数カ国間）のEPA（経済連携協定）やFTA（自由貿易協定）の締結数が急速に増加しています。日本では5（2023）年3月現在、21のEPA・FTAが発効・署名されています。近年では平成30（2018）年にCPTPP、31（2019）年には日EU・EPA、令和2（2020）年に日米貿易協定、3（2021）年に日英包括的経済連携協定（日英EPA）、4（2022）年に地域的な包括的経済連携（RCEP）協定が発効されました。

現在、コロンビア、トルコとのEPAや日中韓FTAなどの交渉が進められています。またCPTPPについては、イギリス、中国、台湾、エクアドル、コスタリカ、ウルグアイが加入申請し、5（2023）年3月にイギリスの加入を合意するなど参加国拡大の動きが見られます。

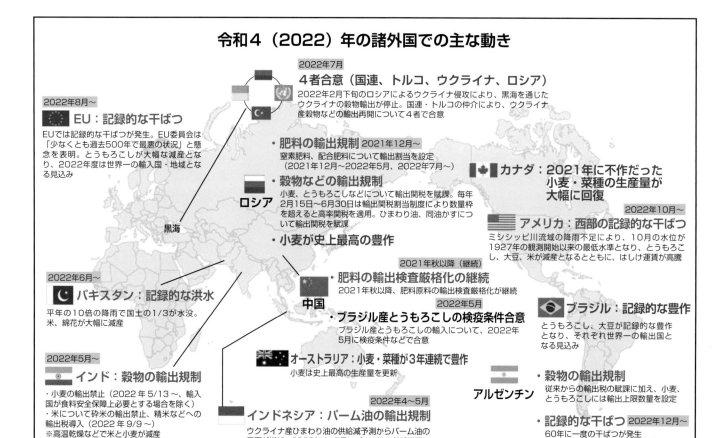

令和4（2022）年の諸外国での主な動き

2022年7月
4者合意（国連、トルコ、ウクライナ、ロシア）
2022年2月下旬のロシアによるウクライナ侵攻により、黒海を通じたウクライナの穀物輸出が停止。国連・トルコの仲介により、ウクライナ産穀物などの輸出再開について4者で合意

2022年8月〜
EU：記録的な干ばつ
EUでは記録的な干ばつが発生。EU委員会は「少なくとも過去500年で最悪の状況」と懸念を表明。とうもろこしが大幅な減産となり、2022年度は世界一の輸入国・地域となる見込み

肥料の輸出規制 2021年12月〜
窒素肥料、配合肥料について輸出割当を設定（2021年12月〜2022年5月、2022年7月〜）

穀物などの輸出規制
小麦、とうもろこしなどについて輸出関税を賦課。毎年2月15日〜6月30日は輸出関税割当制度により数量枠を超えると高率関税を適用。ひまわり油、同油かすについて輸出関税を賦課

ロシア

黒海

小麦が史上最高の豊作

カナダ：2021年に不作だった小麦・菜種の生産量が大幅に回復

2022年10月〜
アメリカ：西部の記録的な干ばつ
ミシシッピ川流域の降雨不足により、10月の水位が1927年の観測開始以来の最低水準となり、とうもろこし、大豆、米が減産となるとともに、はしけ運賃が高騰

2021年秋以降（継続）
肥料の輸出検査厳格化の継続
2021年秋以降、肥料原料の輸出検査厳格化が継続

中国

2022年5月
ブラジル産とうもろこしの検疫条件合意
ブラジル産とうもろこしの輸入について、2022年5月に検疫条件などで合意

ブラジル：記録的な豊作
とうもろこし、大豆が記録的な豊作となり、それぞれ世界一の輸出国となる見込み

2022年6月〜
パキスタン：記録的な洪水
平年の10倍の降雨で国土の1/3が水没。米、綿花が大幅に減産

オーストラリア：小麦・菜種が3年連続で豊作
小麦は史上最高の生産量を更新

穀物の輸出規制
従来からの輸出税の賦課に加え、小麦、とうもろこしには輸出上限数量を設定

アルゼンチン

記録的な干ばつ 2022年12月〜
60年に一度の干ばつが発生

2022年5月〜
インド：穀物の輸出規制
・小麦の輸出禁止（2022年5/13〜、輸入国が食料安全保障上必要とする場合を除く）
・米について砕米の輸出禁止、精米などへの輸出税導入（2022年9/9〜）
※高温乾燥などで米と小麦が減産

2022年4〜5月
インドネシア：パーム油の輸出規制
ウクライナ産ひまわり油の供給減予測からパーム油の需要が増加。2022年4〜5月にパーム油の禁輸措置

資料：農林水産省作成

RCEP協定の発効

RCEP協定はASEAN10カ国、日本、中国、韓国、オーストラリア、ニュージーランドおよびインドの16カ国により平成25（2013）年5月から交渉が始まり、令和2（2020）年11月15日の第4回首脳会議においてインドを除く15カ国が署名しました。その後、各国において国内手続きが進められ、4（2022）年1月に日本のほか9カ国（ブルネイ、カンボジア、ラオス、シンガポール、タイ、ベトナム、オーストラリア、中国、ニュージーランド）で発効し、その後韓国、マレーシア、インドネシアで発効しました。

日米貿易協定に基づく
牛肉セーフガードの実質合意

日米貿易協定では、アメリカ産牛肉の輸入急増による国内への重大な損害を避ける手段として、輸入量が発動基準数量を超えると関税率を引き上げる「セーフガード」が措置されており、2（2020）年度に牛肉の輸入量が発動基準数量（24万2,000t）を超えたため、3（2021）年3月18日から4月16日までの30日間セーフガードが発動され、関税率が25.8％から38.5％に引き上げられました。その後、日米両政府は、断続的に牛肉のセーフガードの発動基準をさらに引き上げるための協議を行い、4（2022）年3月24日に実質合意、翌年1月1日に発効しました。なお、セーフガードの発動については、①アメリカからの輸入量がアメリカ単独の発動基準数量を超える②アメリカおよびCPTPP締約国からの合計輸入量がCPTPPの発動基準数量を超える③アメリカからの輸入量が前年度実績を上回る─の全てを満たすことが必要になりました。

国際貿易交渉への対応

この数年で国際貿易協定が相次いで締結され発効に至りましたが、道内の農業団体や経済団体で構成する「北海道農業・農村確立連絡会議」や道単独で国に対して要請を行ってきました。要請に当たっては、発効済みの協定による農業への影響を継続的に検証することや農業の体質強化および経営安定、輸出拡大に向けて万全な対策を求めたほか、今後いかなる国際貿易交渉にあっても北海道農業が再生産可能となり、持続的に発展していけるよう重要品目への必要な国境措置を確保、農業者をはじめ地域の関係者などに交渉内容の丁寧な説明を行うことも求めてきました。

道では協定の発効による北海道農業への影響について継続的に把握していくとともに、国の施策などを活用し、生産基盤の整備、米や牛肉などの国内外の販路拡大など競争力強化に向けて取り組んでいくこととしています。

農業分野における外国人材の受け入れ

北海道の農業生産現場では「外国人技能実習制度」を活用し、多くの外国人技能実習生が農作業を通じて先進的な技術を学び、習得しながら、地域農業の振興にも貢献しています。

3（2021）年度の実習生の受け入れは、新型コロナウイルス対策として入国制限措置が取られたことなどから減少し、道内で7,892人、そのうち農業分野は約2割に当たる1,690人となっています。

部門別に見ると、酪農が951人（56.3％）、施設園芸が395人（23.4％）となっており、この2つの部門で全体の8割を占めています。地域別には十勝地域で最も多い338人、続いてオホーツク地域が310人、上川地域が261人となっています。

また、深刻化する労働力不足に対応するため、農業など12の特定産業分野において、一定の専門技能を有し即戦力となる外国人を受け入れる「特定技能制度」が平成31（2019）年4月に創設されました。同制度による農業分野の外国人材の受け入れ人数は、全国が1万6,459人、北海道が1,649人となっており、道内の在留者を国籍別に見ると、ベトナムが791人で全体の約5割を占めており、続いてインドネシアが408人、中国が214人となっています。

海外派遣による人材の育成

道内では、昭和27（1952）年から民間団体による青年農業者らの海外派遣が行われており、現在までに数多くの研修生が派遣されています。派遣先は、放牧酪農や園芸、畑作などを学べるニュージーランドが多く、研修生は農業技術や国際感覚の習得とともに、帰国後は地域のリーダーとして活躍しています。

● 国際貿易交渉に係る主な動き（令和4〈2022〉年度）

年月日		国の動き	道の動き
令和4年 （2022年）	5月		国の農業政策に関する提案［北海道］
	7月		国の農業政策に関する提案［北海道］
	11月	参議院本会議において日米貿易協定改正議定書（案）が可決・承認	国の農業政策に関する提案［北海道］
	12月2日	令和4年度第2次補正予算が成立	
	12月23日	令和5年度予算案が閣議決定	
5年 （2023年）	1月1日	日米貿易協定改正議定書の発効	
	3月		国の農業政策に関する提案［北海道］

注：［ ］は要請主体

● 外国人技能実習生の受け入れ状況の推移（北海道）

（単位：人）

区分	平成28年	29年	30年	令和元年	2年	3年
受け入れ人数	6,917	8,502	10,032	11,218	12,293	7,892
うち農業分野	2,155	2,441	2,765	3,076	2,421	1,690
うち農業協同組合分	729	638	568	596	437	214

資料：北海道経済部「外国人技能実習制度に係る受入状況調査」
注：調査期間は、令和元年以前は1～12月。2年からは4～3月

環境と調和した農業生産

クリーン農業技術の開発と普及

北海道は、環境に優しい持続可能な農業を展開し、食料の安定供給とともに、食の安全・安心を求める消費者ニーズに応えながら、品質の高い農畜産物の生産に努めています。

道は平成3年度から「クリーン農業」を提唱し、関係機関・団体と連携して、環境との調和に配慮した農業を推進してきました。また、（地独）北海道立総合研究機構農業研究本部と連携して、有機物の施用などによる健全な土づくりを基本に化学肥料や化学合成農薬の使用を必要最小限にとどめるクリーン農業技術の試験研究を進め、これまでに419件の栽培技術を開発しています。こうした結果、化学合成農薬・主要化学肥料の出荷量を、クリーン農業がスタートした3年度に比べると、単位面積当たりで主要化学肥料は42.3％（28年度）、化学合成農薬は48.2％（令和2年度）のそれぞれ減少となっています。

さらに平成19年度からは、化学肥料や化学合成農薬の使用を5割以上削減する「高度クリーン農業」の技術開発に取り組み水稲、秋まき小麦、馬鈴しょなど14作物で28件の高度クリーン農業技術が開発されています。

令和2年3月に策定した「北海道クリーン農業推進計画（第7期）」では、環境保全効果の消費者理解や生産者への啓発を促進するとともに、地域条件に即した栽培技術の普及などにより、環境と調和した持続可能なクリーン農業のさらなる取り組み拡大を推進しています。

YES! clean農産物の生産と流通拡大

クリーン農業技術の活用により環境に配慮して生産された道産農産物を、消費者や実需者に分かりやすく伝えるため、関係団体と行政機関などで構成する北海道クリーン農業推進協議会は平成12年に「北のクリーン農産物表示制度」（YES! clean表示制度）を創設しました。

この制度は、クリーン農業技術を導入し一定基準を満たした道産農産物を対象にYES! cleanマークと併せて栽培情報を表示して消費者へ知らせる北海道独自の制度です。15年度からは消費者により分かりやすくするため、化学肥料の使用量、化学合成農薬の成分使用回数を表示しています。

令和5年3月末現在、YES! clean表示制度に225集団が取り組んでおり、水稲、馬鈴しょ、トマト、かぼちゃ、たまねぎなど49作物が1万5,454haで生産され、道内のみならず道外の消費者や実需者に届けられています。また平成23年度から、YES! clean農産物を原材料とする加工食品もマークの表示対象に拡大され、納豆、ぜんざい、シフォンケーキなど12社34商品が登録されています。

有機農業の推進

有機農業は①化学肥料や農薬を使用しない②遺伝子組み換え技術を利用しない—ことを基本として、環境への負荷をできる限り低減する農業生産の方法です。北海道農業の持続的な発展を図っていく上でも重要な農業形態の1つであることから、道は17年3月に制定した「北海道食の安全・安心条例」に、有機農業の推進を位置付けています。

国は、有機農業の確立と発展を図ることを目的に「有機農業の推進に関する法律」の施行を受け、19年4月に「有機農業の推進に関する基本的な方針」を策定し、有機農業を総合的に推進してきました。令和2年4月には同方針を改定し、国内における有機農業の目標面積を12年には6万3,000haに設定するなど、有機農業の一層の拡大を図ることとしています。

道内における有機JASほ場の面積は、3年4月1日現在で5,434haで全国の4割弱を占めています。また有機JAS認定農家数は、4年3月末現在304戸で販売農家の1.0％です。道は「環境保全型農業」を先導する取り組みという観点から法律に基づき、平成20年3月に「北海道有機農業推進計画」を策定し、有機農業の普及・推進に努めてきました。令和4年3月には第4期計画を策定し、SDGsの達成に貢献するなど環境保全

● 単位面積当たりの農薬・主要肥料出荷量の推移

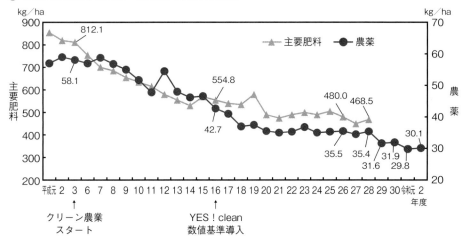

資料：農林水産省「耕地及び作付面積統計」、農林統計協会「ポケット肥料要覧」、（一社）日本植物防疫協会「農薬要覧」
注：1）主要肥料とは硫安、尿素、塩安、石灰尿素、高度化成などの12種類
　　2）農薬とは殺虫剤、殺菌剤、殺虫殺菌剤、除草剤、植物成長調整剤など
　　3）単位面積とは作付け延べ面積であり飼肥料作物を除く

クリーン農業技術を導入した農産物に表示されるYES! cleanマーク。マークとともに生産者名や連絡先、化学肥料や化学合成農薬の使用量、削減割合なども表示

型農業の先導的な役割を果たす有機農業の安定的な拡大を図り、北海道農業が持続的に発展していくよう、生産者の理解促進やネットワーク活動などの支援や栽培技術の開発・普及を通じ、取り組み面積を2年度の4,817haから12年度に1万1,000haへ拡大することとしています。また、消費者に対し、有機農業が環境に対する負荷を低減させる農業生産方式であることについて理解醸成を進め、有機農産物の価値など消費者への認知度の向上を目指します。

環境に配慮した畜産の推進

　家畜の飼養頭数が増加する中、家畜排せつ物を適正に管理し、生産した良質堆肥などを農地へ適切に還元して、環境に配慮した畜産を推進することが重要となっています。
　国が2年4月に「家畜排せつ物の利用の促進を図るための基本方針」を策定したことから、道は3年3月に「北海道家畜排せつ物利用促進計画」を策定し、自給飼料基盤に立脚した環境負荷の少ない畜産の促進や耕畜連携の強化、良質な堆肥・液肥の生産、適切な施肥管理、家畜排せつ物のエネルギーとしての利用の一層の促進を図っています。

バイオマス資源の利活用

　バイオマス（再生可能な生物由来の有機性資源。化石燃料は含まない）の有効活用は、地球温暖化対策や資源リサイクル、災害時に備えたエネルギー供給体制の強化（自立・分散型の導入）のほか、地域産業の発展や活性化にも寄与することが期待されています。
　道内には家畜排せつ物をはじめとして、稲わらや麦かん、もみ殻の非食用部分など、さまざまな農業系バイオマス資源が存在しています。現在、その多くは堆肥として農地へ還元されていますが、バイオガスなどのエネルギー化の取り組みも進んでいます。
　道は平成25年12月に「北海道バイオマス活用推進計画」を策定しました。道内各市町村のバイオマス活用の効果的な促進を図るため、道の関連支援施策の情報提供や先進事例、技術情報の交換が図られるように地域間のネットワーク構築の促進、民間や大学、試験研究機関などとの連携による研究開発を進め、施策の効果的な推進を図ることとしています。
　令和5年2月15日現在、道内38市町村でバイオマス産業都市構想が策定されており、4年度には釧路管内浜中町がバイオマス産業都市に選定されました。

　今後、家畜排せつ物を活用したバイオガスプラントの設置に取り組むなど、多様な取り組みが進められます。

農業用廃プラの適正処理

　道の調査によると、施設園芸や育苗用ハウス、マルチ栽培やサイレージ用ラップフィルムなどで使用された後に廃棄される農業用廃プラスチックの量は、2年度で年間2万734tとなっています。農業用廃プラスチックは産業廃棄物であり、法に基づく適正な処理が求められます。2年度で見ると、プラスチックや燃料と

して再利用されているのが1万3,125t（全体の63％）と算出されています。一方、依然として埋め立てされているものも2,241t（同11％）あることや、地域的なばらつきも目立っています。
　道は循環型社会の形成、農村環境保全の観点から、長期展張性フィルムや環境に悪影響を与えない低分子化合物に分解される生分解性マルチフィルム・ネットなどの代替資材の利用による排出量の削減を進めるとともに、集団回収体制の整備などによるリサイクルを基本とした適正処理を推進しています。

● クリーン農業技術の開発成果

区分	主な内容		成果数		うち高度クリーン農業技術	
化学肥料の使用量を減らすための技術	施肥法の改善、施用有機物の評価 土壌生物活性化技術の開発	111 9	120	9 –		9
農薬の使用量を減らすための技術	要防除水準の設定、効率的防除法開発 化学合成農薬以外による防除技術開発 生物的防除、耕種的防除開発 農薬散布料の減量化 高能率除草機の開発・改良	88 42 43 6 6	185	11 5 – – –		16
品質評価・技術向上	品質評価法、簡易分析法の開発 品質向上栽培技術の開発 高品質貯蔵、保鮮技術の開発	20 28 2	50	–		–
環境負荷抑制技術	農地の養分フロー把握と負荷軽減技術開発 農地におけるガス発生抑制技術開発	25 9	34			
家畜ふん尿の低コスト処理利用技術	低コストふん尿処理・利用技術の開発	15	15			
総合経済評価	クリーン農業の経営経済的評価	15	15	3		3
合計			419			28

資料：道総研農業研究本部調べ（令和5年3月現在）

● YES! clean 表示制度の登録集団と YES! clean 農産物の作付面積

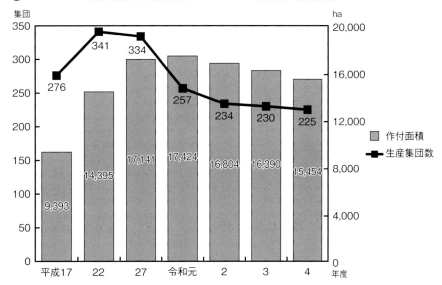

資料：北海道クリーン農業推進協議会調べ（生産集団数は令和5年3月現在、作付面積は4年度）
注：生産集団数は登録取り消し集団を除いた実数

農業技術の開発・普及

道総研農業研究本部による技術開発

（地独）北海道立総合研究機構（道総研）は、競争力の高い品種の開発や、低コスト、省力栽培、クリーン農業技術など、農業に関する研究推進項目を定めた「中期計画」に則し、北海道農業研究センターや大学、農業団体、民間企業と連携して試験研究に取り組んでいます。令和4年度は次の新品種を開発しました。

■令和4年度の新品種

水稲では新品種「空育195号」を開発しました。多収でいもち病抵抗性が強く、中食（スーパー、コンビニで売られているお弁当など）や外食用途に適しています。米の消費量のうち中食・外食の割合が増加傾向にあり、近年は約30％を占めています。一方で、現行の中食・外食向け品種である「きらら397」「そらゆき」は、生産者の所得向上が期待できる収量性を有しておらず、「値頃感があり安定した数量を確保できる米」が求められていました。

「空育195号」は「きらら397」や「そらゆき」に比べ1㎡当たりのもみ数が多く、安定して優れた収量性を有しています。食味特性は、「きらら397」や「そらゆき」並み、いもち病抵抗性は、「きたくりん」並みに強いため、いもち病の薬剤防除が不要となり生産コストを抑えられるとともに、化学農薬による環境負荷を軽減できます。

畑作では、小豆新品種「十育180号」を開発しました。北海道産小豆は国内生産量の9割強を占め、実需者からも高

● 道総研農業研究本部および共同研究で開発した主要な新品種など

作目	品種名	特長	育成試験場	育成年
水稲	空育195号	多収、いもち病抵抗性強、中食・外食向け	中央	令和5
	えみまる	多収、直播適性、低温苗立強、良食味	上川	平成30
	そらゆたか	多収、耐冷性強、いもち病抵抗性強、耐倒伏性強、飼料用	中央	28
	きたしずく	大粒、多収、心白発現良好、酒造適性良好、耐冷性強	中央	26
	きたふくもち	切りもち適性良、硬化性高、耐冷性極強、多収	上川	25
	きたくりん	いもち病抵抗性強、耐冷性強、良食味	中央	24
	ゆめぴりか	極良食味	上川	20
小麦	北見95号	菓子適性優	北見	令和2
	つるきち	中華めん適性、低アミロ耐性、硬質小麦	北見	平成24
	ゆめちから	超強力、中華めん・パン適性、縞萎縮病抵抗性	北農研	21
	きたほなみ	多収、日本めん適性良	北見	18
大豆	とよまどか	豆腐加工適性高、耐倒伏性強、低温障害耐性強、線虫抵抗性強	十勝	30
	スズマルR	白目、線虫抵抗性極強、納豆加工適性高	中央	27
小豆	十育180号	茎疫病抵抗性、コンバイン収穫適	十勝	令和5
	きたひまり	茎疫病・落葉病抵抗性、耐倒伏性優	十勝	3
	エリモ167	落葉病・萎凋病抵抗性、製あん適性良	十勝	平成29
いんげん	十育A65号	手亡、耐倒伏性強、成熟期葉落ち良、製あん適性良	十勝	令和5
	秋晴れ	金時、早生、多収、耐倒伏性強、煮豆・甘納豆加工適性	十勝	平成31
	きたロッソ	炭そ病抵抗性、サラダ・スープ向け加工適性	十勝	29
そば	キタミツキ	多収、高容積重	北農研	令和2
馬鈴しょ	きたすずか	生食・加工用、Gr抵抗性、Gp抵抗性中	北農研	令和4
	ゆめいころ	生食用、早生、Gr抵抗性、そうか病抵抗性、塊茎の目が浅い	北見	3
	さらゆき	ポテトサラダ加工適性、Gr抵抗性、多収	北見	平成31
	ハロームーン	Gr抵抗性、多収、油加工（ポテトチップ）適性	北見	30
	パールスターチ	でん粉原料用、Gr抵抗性、多収	北農研	27
	コナユタカ	でん粉原料用、Gr抵抗性、多収	北見	26
	リラチップ	油加工（ポテトチップ）適性、Gr抵抗性、長期低温貯蔵適性	北見	25
たまねぎ	すらりっぷ	加熱加工適性優、長球形質、剥皮加工歩留高、収量性優、貯蔵性高	北見[1]	28
	ゆめせんか	加熱加工適性、乾物率高、Brix高	北見	24
メロン	おくり姫	赤肉、耐病性、良食味	花野菜[2]	27
やまのいも	とかち太郎	多収、えそモザイク病抵抗性中	十勝[3]	25
	きたねばり	高粘度、短根、えそモザイク病抵抗性強	十勝[3]	23
おうとう	陽まり	大玉、良着色、良食味、交雑和合性	中央	令和4
ぶどう	スイートレディ	高糖度、良食味、無核（種子痕跡小）	中央	平成26
いちご	ゆきララ	大果、規格内収量やや多	花野菜	28
牧草（チモシー）	センリョク	多収、混播適性優、越冬性優、高栄養価	北見[4]	令和2
	センプウ	極早生、斑点病抵抗性、多収	北見[4]	平成30
牧草（オーチャードグラス）	えさじまん	中生、多収、飼料品質高	北農研[5]	27
牧草（アカクローバ）	アンジュ	越冬性極強、混播適性優	北農研	25
牧草（シロクローバ）	コロポックル	極小葉型、耐寒性強、混播競合力緩	北農研	23
アルファルファ	北海8号	多収、永続性優、耐寒性強、耐踏圧性強	北農研	令和2
飼料用とうもろこし	ハヤミノルド	早生の早、耐倒伏性強	北農研・酪農	令和2
	きよら	すす紋病抵抗性極強、耐冷性やや強～強、発芽良	北農研・畜産	平成23
牛	勝早桜5	黒毛和種雄牛、産肉能力高、産子発育能力高	畜産	26
豚	ハマナスW2（大ヨークシャー）	産肉・繁殖能力高、肉質良	畜産	21
鶏	北海地鶏Ⅲ	産卵性・産肉・増体能力高、肉質良	畜産	31

注:1) は（株）日本農林社、2) は（株）大学農園、3) は十勝農協連・帯広川西農協・音更町農協、4) はホクレン、5) は雪印種苗（株）との共同研究

たわわに実った「空育195号」

品質と評価されています。一方、小豆の10a当たり投下労働時間は長く、特に収穫作業は4.2時間と、大豆と比較して2倍以上です。このため、1工程で収穫・脱穀できるダイレクト収穫に適応する品種開発が求められていました。開発された十育180号は既存の「きたろまん」より長く、地上10cm莢率が低いことから、省力化に寄与するダイレクト収穫時の損失が安定して少ないという特長があ

ります。十育180号をきたろまんの一部に置き換えて普及することで、北海道における小豆の省力安定生産に寄与できると期待されます。

普及活動の推進と支援

道は、農業改良普及センター（本所14、支所30）に614人の普及指導員を配置しました。第6期北海道農業・農村振興推進計画に掲げる方針に沿って、農業経営および農村生活の改善に関する科学的技術と知識の普及・指導や、担い手の育成などを行うとともに、地域における多様で複雑化した課題の解決に向けた普及課題を設定するなど、より地域に密着した提案型の普及活動を展開しています。また、近年、道内各地で発生している生育期の低温や収穫期の豪雨などに対応

し、農作物の生育状況や被害状況などを速やかに把握し、生育状況などに応じた営農技術対策の発信と被災農業者への支援活動などを行っています。併せて被害軽減のため、関係部局と連携してほ場の維持・管理手法について技術支援を行っています。

スマート農業の生産現場への展開

人工衛星により位置情報を表示するGNSSガイダンスシステムを用いたトラクターなどの自動操舵（そうだ）や、人工衛星やドローンでの撮影画像による作物管理、遠隔地からのスマートフォンやタブレットによる水田の水位制御や水温などの環境情報を確認できる水管理システム、搾乳ロボットや施設園芸の自動制御など、ICT（情報通信技術）やロボット、AI（人工知能）技術を活用したスマート農業技術が幅広い分野で活用されています。道内では、平成20年ごろから全国に先駆けてGNSSガイダンスシステムを搭載したトラクターなどが年々増えており、国内仕向けの約7割が北海道に出荷されています。

研究機関や民間企業での技術革新により、今後もこれらの先端技術が生産現場へ導入されていくことが見込まれるため、道は地域や個々の営農状況に応じたスマート農業を推進していく共通の指針として、令和2年3月に「北海道スマート農業推進方針」を策定しました。さらに、世界的な地球環境に関する議論や国での気候変動問題への対応、道のゼロカーボンへの対応を踏まえ、カーボンニュートラル社会への寄与が期待できるスマート農業を今後も積極的に推進していくことが重要であることから、3年10月にカーボンニュートラルへの対応なども加味した趣旨に改訂しました。

この方針では、地域の状況に応じたスマート農業技術の選択や、農業者個々の営農状況に応じた効果的な導入方法の検討、情報通信網や農業生産基盤の整備などが必要であるとの基本的な考え方の下、技術情報の発信や指導を担う人材の育成など、7つの取り組み方向を示しています。道はこの方針に基づき、先端技術を搭載した製品や導入事例に関する情報の収集、新たな製品や実証成果および取り組み事例などの情報を発信するとともに、3年8月には全ての農業改良普及センターにスマート農業相談窓口を設置。他に、専門知識を有する指導人材を育成する研修の開催、市町村段階での取り組み体制の構築促進や導入への支援など、スマート農業技術の社会実装の加速化に向け取り組んでいます。

⬤ 道総研農業研究本部などが開発した新技術（令和5〈2023〉年発表）

内　　容	担当試験場
秋まき小麦「きたほなみ」の気象変動に対応した窒素施肥管理（補遺）	中　央
とうもろこしサイレージのin vitroデンプン消化率の近赤外分析による推定	畜　産
乾草及び低水分牧草サイレージのin vitroNDF消化率の近赤外分析による推定	畜　産
にんにくの新規ウイルス検査法（FDA法）によるウイルスフリー種苗管理技術	花野菜
系統豚維持群の繁殖能力改良と近交度上昇抑制手法	畜　産
おうとう台木「コルト」の定植法	中　央
ペーパータオルを利用した豆類種子審査発芽率調査の有効性検証	中　央
安定確収のための秋まき小麦有機栽培技術	中　央
衛星画像を用いた秋まき小麦「きたほなみ」の起生期茎数と止葉期窒素吸収量の推定技術	十　勝
畑作物に対する汚泥肥料「大地の素」の窒素肥効特性	十　勝
赤いんげんまめ「きたロッソ」の窒素追肥技術と加工適性を考慮した収穫時期の設定	上　川
「Dr.アミノアップ」の種いも浸漬および葉面散布による加工用ばれいしょの増収効果	上　川
半促成長期どり作型トマトにおける環境・養分制御技術を用いた省力多収栽培技術	道　南
加工専用キャベツ「ジュビリー」の直播による省力栽培技術と経済性評価	十　勝
多収性ながいも「とかち太郎」の安定生産に向けた窒素施肥法	十　勝
移植たまねぎにおける窒素動態と土壌診断に基づく窒素分施技術	北　見
化学合成糊剤を使わないたまねぎ育苗培土の作製法及び育苗管理法	花野菜
北海道産さつまいもの貯蔵・加工特性と栽培技術の改善	花野菜
秋切りトルコギキョウの赤色LED照明による省力・品質向上技術	花野菜
飼料用とうもろこしに対するホウ素肥料の施用法	酪　農
土壌凍結地帯の採草地における高消化性牧草生産技術	畜　産
薬剤耐性菌の発生に対応したリンゴ黒星病の防除対策	道　南
トマト野生種栽培によるジャガイモシロシストセンチュウ密度低減技術の最適化と利用法の拡大	北農研
ジアミド系薬剤感受性低下個体群に対応したキャベツにおけるコナガの防除対策	中　央
インフロー散布を活用したばれいしょ害虫の防除法	北　見
水稲有機栽培における駆動式除草機の除草時間低減効果	中　央
土壌センシング情報と作条施肥機を利用したキャベツに対する基肥可変施肥技術	十　勝
土塊を減らし種いも使用量を減量するバレイショ防除畦の改良	北農研
X線検査機（小豆）の性能	十　勝
金属検出機（小豆）の性能	十　勝
2020年農林業センサスを用いた北海道農業・農村の動向予測	中　央
農村施設の訪問価値を評価できる個人トラベルコスト法の実施手順	中　央

農協と農業関係団体

農業協同組合

　農業協同組合（農協）は農業者が自主的に設立した協同組織です。農協は営農指導事業や農産物販売事業、資材などの購買事業、貯金や貸し付けなどの信用事業、各種保険の共済事業などを行い、組合員の経済的・社会的地位の向上や地域農業の振興に大きな役割を果たしています。

■減少続く正組合員数

　令和5年3月末現在の農協（JA）は、102組合となっています。3事業年度の正組合員数は5万9,244人（前期比98.0％）、准組合員数は28万4,196人（前期比98.9％）となり、全体では、前事業年度と比べ1.3％の減少となりました。正組合員の組合員総数に占める割合は年々減少し続けており、前事業年度に比べ0.1ポイント低下し17.3％となっています。

　また1組合当たりの平均正組合員戸数は、平成17事業年度と比べ128戸減少し378戸となっています。正組合員戸数が600戸以上の農協（JA）の構成比は16.3％と、17事業年度と比べ6.9ポイント減少しています。

　北海道の農協は、組合員の営農や生活に密着した事業活動に積極的に取り組んでおり、事業総利益を部門別に見ると、都府県と比べ購買や販売事業の割合が高く、信用や共済事業の割合が低くなっています。

■農協系統組織

　農協系統（JAグループ）の組織は、各地域の農協と道段階のJA北海道中央会・JA北海道信連・ホクレン・JA北海道厚生連、全国段階のJA全中・農林中金・JA全農・JA共済連・JA全厚連の3段階制となっています。

　なお、共済事業については、道段階の組織がJA共済連に統合され、2段階制となっています。

■組織基盤の強化に向けた取り組み

　JAグループ北海道では、平成6年に当時の237組合を37組合とすることを目指した合併構想を掲げ、それぞれの組合の事業運営や合併の方針を踏まえ、支援を行っています。

　令和4年度は、道南の新函館農協と北檜山町農協、宗谷管内の北宗谷農協と稚内農協が合併し、新たな新函館農協と北宗谷農協として事業を展開しています。

　その他、経営基盤の強化に取り組む事例として、広域ブランドの形成など、複数組合での事業連携の取り組みも見られます。

　また信用事業を行う総合農協は、地域の金融機関としての機能も有していることから、わが国の金融システムの一員としての責任を十分に果たすため、破綻することのない健全な農協系統信用事業の確立と適切な業務運営に取り組む必要があります。このため、総合農協・信連・農林中央金庫が実質的に1つの金融機関として機能する「JAバンクシステム」を構築するとともに、財務内容が脆弱（ぜいじゃく）な組合に対しては、中央会とJAバンクが一定の基準に基づき経営改善が必要な組合に指定し、自己資本の増強や不良債権の償却などについて必要な経営改善指導を行っています。その結果、2

年1月に日高管内3組合（新冠町、しずない、ひだか東）の信用事業が信連に譲渡されました。

　平成28年4月に、農業協同組合法が改正され、農協は農業者自らが設立した組織として、農業者の所得向上に最大限取り組むことを旨とし、農協改革の一層の推進を図ることとされました。

　JAグループ北海道では、26年11月に策定した「改革プラン」に基づき自己改革を進めており、さらに令和3年11月に開催した第30回JA北海道大会においても将来ビジョンの達成に向け、取り組みをさらに加速・充実していくこととしています。

農業共済組合

　農業共済組合が扱う農業保険は、農業者の経営安定に大きな役割を果たしています。北海道においては、4年4月1日付で5組合が合併し、新たに道内一円を区域とする「北海道農業共済組合（呼称・NOSAI北海道）」が発足しました。農業保険のうち農業共済制度は品目を限定して、自然災害による収量減少のみを対象としています。また、平成31年1月からは、品目を限定せずに価格低下も含めた新たなセーフティーネットとして、農業者ごとの収入全体に着目した収入保険制度が開始されました。

● 総合農協の概況
（単位：事業年度末、人、％、戸）

区分		平成17	22	27	令和元	2	3
組合員数	正組合員数（1組合平均）	82,859（663）	73,056（658）	66,806（613）	62,470（573）	60,445（555）	59,244（570）
	准組合員数（1組合平均）	249,063（1,993）	267,246（2,408）	292,510（2,684）	289,372（2,655）	287,372（2,636）	284,196（2,733）
	計（1組合平均）	331,922（2,655）	340,302（3,066）	359,316（3,296）	351,842（3,228）	347,817（3,191）	343,440（3,302）
	正組合員比率	25.0	21.5	18.6	17.8	17.4	17.3
正組合員戸数（1組合平均）		63,221（506）	54,929（495）	48,442（444）	43,804（402）	41,980（385）	39,305（378）
職員数（1組合平均）		14,119（113）	12,893（116）	12,555（115）	12,377（114）	12,465（114）	12,265（118）
正組合戸数／職員数		4.5	4.3	3.9	3.5	3.4	3.2
集計農協数		125	111	109	109	109	104

資料：農林水産省「総合農協統計表」、北海道農政部調べ
注：事業年度末の数値は、出資組合のうち事業活動を行っている農協（JA）の決算期末データを集計したもの

● 正組合員戸数規模別の農協数の推移
（単位：事業年度末、組合、％）

区分	平成17	22	27	令和元	2	3
200戸未満	36（28.8）	30（27.0）	34（31.2）	38（34.9）	37（33.9）	36（34.6）
200～399戸	39（31.2）	37（33.3）	35（32.1）	34（31.2）	37（33.9）	34（32.7）
400～599戸	21（16.8）	19（17.1）	17（15.6）	20（18.3）	19（17.4）	17（16.3）
600～799戸	9（7.2）	7（6.3）	7（6.4）	5（4.6）	4（3.7）	7（6.7）
800～999戸	6（4.8）	4（3.6）	6（5.5）	6（5.5）	6（5.5）	5（4.8）
1,000戸以上	14（11.2）	14（12.6）	10（9.2）	6（5.5）	6（5.5）	5（4.8）
計	125（100.0）	111（100.0）	109（100.0）	109（100.0）	109（100.0）	104（100.0）

資料：農林水産省「総合農協統計表」、北海道農政部調べ
注：（　）内は構成比で％

● 総合農協の事業総利益の部門別寄与率（令和3事業年度）

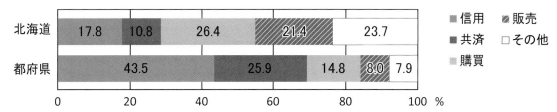

	信用	共済	購買	販売	その他
北海道	17.8	10.8	26.4	21.4	23.7
都府県	43.5	25.9	14.8	8.0	7.9

凡例：■信用　■共済　■購買　☒販売　□その他

資料：農林水産省「総合農協統計表」、北海道農政部調べ

● 近年の農協合併状況

年度	合併年月日	農協名	合併時の正組合員戸数	合併参加農協
平成12	12.4.1	摩周湖	193	弟子屈町、摩周
	12.5.1	旭川市	1,028	旭川市、永山
	12.8.1	きょうわ	743	前田、発足、小沢、岩内町
	12.8.1	丸瀬布町	79	丸瀬布町、白滝村
	13.2.1	道央	2,425	北広島市、恵庭市、千歳市、江別市、野幌
	13.2.1	たきかわ	1,487	たきかわ、芦別市
	13.2.1	いわみざわ	2,391	いわみざわ、栗沢町
	13.2.1	ふらの	2,535	上富良野町、中富良野、富良野、東山地区、山部町、南富良野町
	13.2.1	とまこまい広域	1,476	白老町、苫小牧市、早来町、厚真町、穂別町、追分町
	13.2.1	標津町	208	標津町、羅臼町
	13.3.1	天塩町	252	天塩、雄信内、天塩町開拓
	13.3.1	オホーツクはまなす	334	西興部村、滝上町、上渚滑、紋別市
13	13.8.1	阿寒	171	阿寒町、釧路市
	14.2.1	新函館	4,856	知内、木古内町、上磯町、渡島大野、北渡、函館市、七飯町、渡島森、砂原町、若松、ひやま南、厚沢部町、瀬棚町
	14.2.1	あさひかわ	3,072	旭川市、旭正、旭川市神居、北野
	14.2.1	南るもい	579	増毛町、小平町、留萌市
	14.2.1	湧別町	295	湧別、芭露、湧別町畜産
14	15.2.1	北いぶき	1,036	妹背牛町、秩父別、沼田町
	15.2.1	たいせつ	1,191	東鷹栖、鷹栖
	15.2.1	きたみらい	1,691	温根湯、留辺蘂、置戸町、訓子府町、相内、上常呂、北見市、端野町
	15.2.1	清里町	259	清里町、清里中央
15	15.4.1	帯広市川西	689	帯広市、帯広川西
	15.5.1	北はるか	639	下川町、美深町、中川町
	15.5.1	釧路太田	167	釧路太田、厚岸町
	15.8.1	オロロン	523	羽幌町、初山別村、遠別
	16.2.1	北ひびき	2,046	和寒町、剣淵、士別市、多寄、天塩朝日
	16.2.1	東神楽	858	東神楽、西神楽
	16.2.1	平取町	517	平取町、北日高
16	17.2.1	道北なよろ	1,073	風連、名寄、智恵文
17	17.9.1	足寄町	302	足寄町、足寄町開拓
18	18.6.1	えんゆう	422	えんゆう、丸瀬布町、生田原町
	18.6.1	釧路丹頂	376	音別町、鶴居村、幌呂、白糠町
19	20.2.1	上川中央	444	上川町、愛別町
	20.2.1	オホーツク網走	598	オホーツク網走、東藻琴村
20	21.2.1	そらち南	989	由仁町、栗山町
	21.3.1	宗谷南	146	北見枝幸、歌登
	21.3.1	北宗谷	277	沼川、豊富町
21	21.4.1	道東あさひ	651	別海、上春別、西春別、根室
23	24.2.1	北オホーツク	248	興部町、おうむ
26	27.2.1	びらとり	788	平取町、富川
令和2	3.2.1	るもい	879	南るもい、苫前町、オロロン、天塩町
	3.3.1	東宗谷	161	東宗谷、中頓別町
	3.3.1	十勝池田町	270	十勝池田町、十勝高島
4	5.2.1	新函館	1,976	新函館、北檜山町
	5.3.1	北宗谷	316	北宗谷、稚内

資料：北海道農政部調べ

● 農業共済組合の概要

（単位：年度、団体、千点）

区分	平成17	22	27	令和元	2	3	4
総組合等数	22	19	18	5	5	5	1
広域	21	18	17				
その他	1	1	1				
1組当たり事業規模点数	462	564	599	2,172	1,646	1,646	－

資料：北海道農政部「農業共済組合等実態調査」、北海道農業共済組合連合会「農業共済組合財務統計表」

注：1）広域とは2市町村以上にまたがる組合。平成29年以降は全て広域に合併
　　2）事業規模点数は、共済引受面積や家畜頭数などを点数換算したもの
　　3）組合等数、事業規模点数は、各年4月1日現在

● 土地改良区の組織状況

（単位：年度、区、ha、人）

区分	平成12	17	22	27	令和元	2	3
区数	105	87	78	73	73	73	72
地区面積	296,040 (2,819)	300,728 (3,457)	297,202 (3,810)	259,677 (3,557)	257,261 (3,524)	256,964 (3,520)	256,477 (3,562)
組合員数	43,758 (417)	38,120 (438)	32,693 (419)	27,317 (374)	24,735 (339)	23,956 (328)	23,366 (325)
役員数	1,174 (11.2)	965 (11.1)	871 (11.2)	800 (11.0)	785 (10.8)	785 (10.8)	780 (10.8)
職員数	696 (6.6)	629 (7.2)	578 (7.4)	590 (8.1)	615 (8.4)	616 (8.4)	612 (8.5)

資料：北海道農政部調べ

注：（ ）内は1区当たりの平均

活力ある農業・農村づくり

多面的機能の発揮

　農業や農村には、食料の安定供給といった基本的役割に加え、その生産活動を通じて、洪水や土壌浸食防止といった国土の保全、水源のかん養、自然環境の保全、良好な景観の形成、文化の伝承など、多面的機能があります。

　平成13年に行われた日本学術会議から農林水産大臣への答申によれば、全国における農業の多面的機能の評価額は8兆2,226億円と算定されています。

多面的機能支払交付金

　国は25年12月に「農林水産業・地域の活力創造プラン」において「日本型直接支払制度」の創設を明記し、地域内の農業者が共同で取り組む地域活動や、担い手に集中した水路、農道などの管理を支えるため、26年度に「多面的機能支払交付金」が創設されました。これにより、規模拡大に取り組む担い手の負担を軽減し、担い手への農地集積という構造改革を後押ししてきました。

　多面的機能支払交付金は、「農地維持支払交付金」と「資源向上支払交付金」で構成され、令和5年度は道内153市町村、719組織が取り組み、その面積は約78万haになっています。水路の草刈り、泥上げなどの基礎的保全活動に加え、水路、農道などの施設の軽微な補修や農村環境の保全などの取り組みが行われています。

中山間地域等直接支払交付金

　「中山間地域等直接支払制度」は、特定農山村法、山村振興法、過疎法、半島振興法、離島振興法、棚田地域振興法の地域振興6法の指定地域などにおいて、耕作放棄地の発生が懸念される急傾斜農用地などが対象です。集落協定などに基づき、5年以上継続して農業生産活動を行う農業者に平地地域との生産コストの格差を勘案した上で、地目および区分ごとに単価を設定し、面積に応じ

て交付します。平成12年度から、5年ごとの対策として実施されています。令和5年度は道内98市町村で実施し、協定数は316、交付対象面積は約28万haとなっています。

　集落における共同取り組みは、10～15年後を見据えて、協定参加者が話し合い将来的に維持すべき農用地を明確化するとともに、どのような手法で守っていくか合意形成を図るほか、農業生産活動を通じた耕作放棄の防止や多面的機能を増進する取り組みに加えて、外部人材確保などの集落機能強化や棚田地域における保全・振興活動などが行われています。

農業や農村に対する道民の理解

　北海道の農業や農村を貴重な財産として育み、将来に引き継ぐことを基本理念とした「北海道農業・農村振興条例」（P.41を参照）に基づき、北海道の農業や農村の持続的な発展のためには、道民の理解と協力が不可欠です。

　そのため、道は都市住民との交流活動に意欲的な農業者の農場を「ふれあいファーム」として登録しています。「ふれあいファーム」は、気軽に農場を訪問してもらい、農業体験や農業者の方々との語らいを楽しんでもらうものです。接する機会の少ない農業の実際の姿に触れ、農村の魅力を感じてもらうための交流拠点の役割を担っているともいえます。

　平成9年度の登録開始以来、これまでに全道で774農場（令和5年3月末現在）が登録されており、登録農場では農作業体験のほか、バターやそば打ちなどの手づくり体験、農産物の直売など農業者自らの創意と工夫を凝らしたさまざまな取り組みが行われています。

「ふれあいファーム」シンボルプレート

　さらに、道は情報誌「confa（コンファ）」を発行し、都市住民が農業や農村の情報に触れる機会の確保に努めています。また、平成10年に道内の農業団体や経済団体、消費者団体により設置された「農業・農村ふれあいネットワーク」では、農業や農村に対する幅広い道民の理解を得るため、ラジオやインターネットなどを活用したPR活動を進めています。

農業・農村情報誌「confa（コンファ）」

グリーン・ツーリズムの推進

　近年は都市住民や訪日外国人を中心に、農山漁村の付加価値の高い食や農林漁業体験のほか、美しい景観、田園空間に身を置くことで感じるすがすがしさや豊かさを求める機運が高まっています。一方で、そうした役割が期待されている農村は、人口減少や高齢化が進み、地域としての活力低下が危惧されています。このような中では、都市と農村との交流を通じ、都市住民が農村の魅力に触れる機会を提供し、農業や農村への理解を深めてもらうとともに、地域振興につなげていくことが重要です。

　北海道では地域の個性と資源を生かしたファームイン（農家民宿）をはじめ、農産物の加工や販売、農家レストランなど、グリーン・ツーリズムの取り組みが各地で進められています。グリーン・ツーリズム関連施設は、12年の1,062件に対し、令和4年には2,488件と約2.3倍に増加しています。

　平成20年度からは「子供の農山漁村体験」の活動も推進されています。子どもたちは親元を離れ、農村の多様な人々と交流することで社会性を身に付けます。また受け入れ側も、驚きと感動を持って体験に取り組む子どもたちの姿から郷土の魅力を再発見し、地域の再生や活性化につながっています。

　これまでグリーン・ツーリズムは農林漁業者による取り組みが中心でしたが、旅行形態やニーズが多様化する中、道はより幅広い視点から地域ぐるみの連携により旅行者を受け入れる「農村ツーリズム」を推進しています。道内では農山漁村の農家民宿などに滞在し、農業や農村の暮らしを体験する教育旅行の取り組みに加え、農作業体験や農産物加工体験、郷

土食の提供、豊かな自然環境の中での
アウトドアや健康・美容体験に組み合わ
せるなど、地域資源を有効に活用した取
り組みが進められています。

また、令和3年度に設置した「北海道
農泊推進ネットワーク会議」を活用して、
関係機関や団体が連携し情報共有や裾
野拡大などに取り組んでいます。

地域資源を生かした6次産業化

地域の農林水産物を活用し、農林漁
業者が創意工夫を凝らした加工品などの
開発・販売、地域の農畜産物や美しい

景観を活用したファームレストラン・観光
農園などは、食を通じて生産者と消費者
の絆を結ぶ貴重な場となっています。

国内有数の食料供給地域である北海
道では、農林水産物をはじめとする地域
資源を有効活用するため、農林漁業者
が地域の関係者と連携し、加工や流通、
販売などを行う「6次産業化」の取り組み
が進んでおり、農山漁村における所得の
向上や雇用の確保など地域の活性化に
つながると期待されています。

国は、平成23年3月に施行した「地域
資源を活用した農林漁業者等による新事

業の創出等及び地域の農林水産物の利
用促進に関する法律」（6次産業化・地
産地消法）に基づき、6次産業化に取り
組む農林漁業者などの事業計画「総合化
事業計画」を認定しています。農林漁業
者などはこの制度を活用しながら、専門
家の助言を受けて新商品の開発や新たな
販売方式の導入などの計画を作成し、実
現に向けて取り組んでいます。

令和5年3月末現在、全国で2,630件
が認定を受け、うち北海道は163件と都
道府県別で1位となっています。

● ふれあいファームの取り組み内容（北海道）

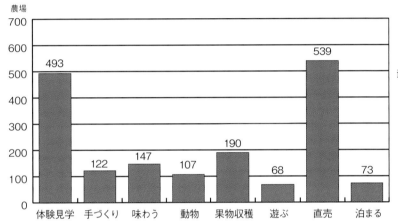

資料：北海道農政部調べ（令和5年3月末現在）
注：1）農場によっては複数の取り組み内容を設けている所がある
　　2）体験見学：田植え、稲刈り、ジャガイモの収穫、草取り、農業施設見学など
　　3）手づくり：豆腐、チーズ、バター、ジャム、そば打ち、ドライフラワーなど
　　4）味わう：アイスクリーム、自家製ソーセージ、ファームレストランでの食事など
　　5）動物：乗馬、羊毛刈り、牛の乳搾りなど
　　6）果物収穫：りんご、さくらんぼ、ぶどう、なしなど
　　7）遊ぶ：歩くスキー、かんじきツアー、フットパスなど
　　8）直売：農産物、農産加工品（漬物、バター、チーズなど）
　　9）泊まる：ファームイン、キャンプなど

● グリーン・ツーリズム関連の取り組み件数の推移（北海道）

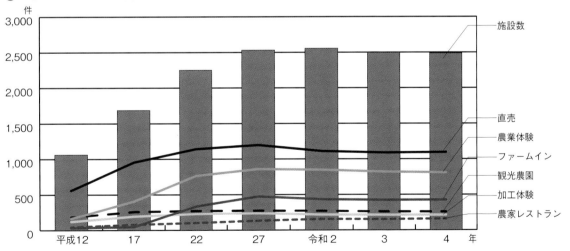

資料：北海道農政部「グリーン・ツーリズム関連施設調査」（各年1月現在）

● 農業生産関連事業体数と年間販売総額　（単位：件、百万円）

区分	令和2年度	
	全国	北海道
農産物の加工	32,840	1,280
農産物直売所	23,600	1,410
観光農園	5,120	200
農家民宿	1,270	110
農家レストラン	1,330	110
合計	64,160	3,110
年間販売総額	2,032,947	153,995

資料：農林水産省「6次産業化総合調査」

● 総合化事業計画の認定件数（累計）の推移

区分	平成29年度	30	令和元	2年度	3年度	4年度			
							農畜産物	林産物	水産物
北海道	142	150	160	163	163	163	154	3	6
全国	2,350	2,438	2,557	2,591	2,616	2,630	2,328	105	197

資料：農林水産省調べ

農業・農村整備

農業や農村の持続的発展の実現

　北海道の農業や農村は、わが国最大の食料供給地域として安全・安心で良質な食料を安定的に供給する役割を担っているほか、美しい景観を有し、住む人々や訪れる人々にうるおいややすらぎを与えています。

　このような役割を担う北海道の農業・農村を持続的に発展させ、次世代に引き継いでいくため、道は令和4年3月に改定した「北海道農業農村整備推進方針」に沿って、農村地域の持つ「農地」「農業用水」「農業用施設」「自然環境」「農村景観」の5つの地域資源が有機的に結び付き、良好な状態が保たれるよう保全・整備し、多面的機能が十分に発揮される豊かな農村空間を創造していくことが重要です。

効率的な営農に向けた水田整備

　北海道の水田整備は、「ほ場整備事業」が創設された昭和30年代後半から本格的に始まり、ほ場の区画整理や基幹的な用排水施設の整備、用排水分離によるほ場の汎用化などを総合的に進めてきました。平成に入ると、ほ場の大区画化整備が進み、生産性の向上に貢献しました。今後も、担い手への農地の集積・集約化を図るため、ほ場の大区画化と用排水路などを一体的に整備する区画整理や、野菜など高収益作物の導入を容易とするための排水性の改善とともに、地下かんがいにも活用可能な暗きょ排水などの整備を進めていきます。

力強い農業を目指した畑地整備

　北海道の畑作地帯には重粘土や火山性土、泥炭土などの特殊土壌が広く分布しているため、排水改良や客土による土層改良を重点的に進めながら、区画整理や農道、畑地かんがいなどを併せた総合的な整備を行っており、農作業の効率化が図られるとともに、農作物の生産性や品質が大きく向上しました。

　また、近年はゲリラ豪雨や台風を伴う豪雨災害が多発しており、災害に強い農業生産基盤の構築に向け、排水路と併せて排水機場などの総合的な排水対策を進めています。

　さらに、畑地かんがいは、良質な農産物の安定生産や作物導入の選択肢を広げることから、一部地域において高収益作物への転換などを目的とした散水施設の整備を進めています。

スマート農業技術の効果を最大限発揮する基盤整備

　農業分野においてもICT（情報通信技術）やIoT（モノのインターネット）、AIなどの先進技術を活用する必要性が高まっており、自動操舵（そうだ）による農作業の効率化を進めるためのほ場の大区画化や畑地の勾配修正、用排水路の管路化、スマートフォンなどによる水管理の遠隔操作を可能とする自動給水栓など、地域の将来像や営農形態に応じたスマート農業技術の効果を最大限発揮させるための基盤整備を進めています。

飼料自給率の向上を目指した草地整備

　配合飼料価格の上昇など酪農・畜産の経営環境が厳しい中、北海道の酪農・畜産が持続的に発展していくためには、外的要因に左右されにくく、生産コストの低減や経営の安定に寄与する自給飼料の生産拡大を進めることが重要です。このため、草地の生産性や大型機械の作業効率の向上を図る起伏修正や暗きょ排水、公共牧場、TMRセンターなどの整備を道営事業と団体営事業が役割を分担しながら計画的に進めています。

農村環境の保全と再生

　農村環境を良好に保全し次世代へ引き継いでいくことが重要となっています。このため、農業農村整備事業では、多様な水生生物の生息に適した水路整備や遡上（そじょう）・降下を可能とする魚道整備など、環境に配慮した取り組みを進めています。

　また道民共通の財産であり、観光資源でもある美しい農村景観を保全し形成するため、地域住民が参画する景観形成の保全活動も進めています。

　加えて、農地の大区画化や暗きょ排水の整備により、地球温暖化の原因といわれる温室効果ガスの発生が抑制されることが、これまでの研究で明らかになっているため、温室効果ガスの排出量を「見える化」する取り組みを進めています。

● ほ場整備（水田区画整理）の推移

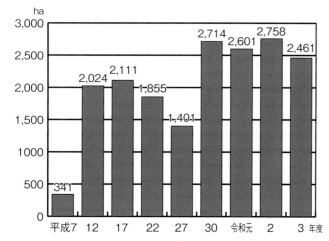

資料：北海道農政部調べ

● 草地開発面積の推移

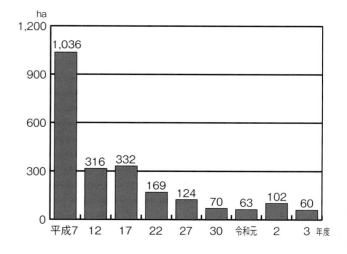

北海道農業・農村の「めざす姿」

　北海道は平成9年4月、都府県に先駆け全国で初めて「北海道農業・農村振興条例」を制定しました。条例では、北海道の農業や農村がわが国最大の食料生産地域であり、農業と農村の振興が地域経済や社会の健全な発展に寄与していることを認識し、創意工夫に富んだ担い手の育成や、低コストで安全かつ良質な食料の供給、環境と調和した農業の推進などにより、農業と農村を道民の貴重な財産として将来に引き継いでいくことを基本理念として掲げています。

　「北海道農業・農村振興条例」に基づき、道は「第6期北海道農業・農村振興推進計画」を令和3年3月に策定しました。この計画は、計画期間（令和3〜7年度）の5年間、道農政の中期的指針としての役割を果たすものであり、北海道農業が将来にわたってわが国最大の食料供給地域として、食料自給率の向上に最大限寄与できるよう、農業と農村の振興に向けた取り組みを進めることとしています。

北海道農業・農村振興条例前文（抄録）

　私たちは、北海道の農業が道民のみならず広く国民に食料を安定的に供給するなどの役割を担っており、農業・農村の振興が地域の経済社会の健全な発展に寄与していることを改めて認識する。

　しかしながら、近時、農産物の輸入自由化や食料消費構造の変化をはじめ、世界的な人口増加、環境問題など農業・農村を取り巻く状況が大きく変動する中で、農業経営の安定や農村の活性化をこれまで以上に図ること、さらには食料自給の在り方を見直すことも求められている。

　このような状況に直面している農業を魅力のあるものとし活力のある農村を築き上げるには、創意工夫に富んだ担い手を育成し農地を適切に保全しつつ、生産経費の低減を図りながら安全かつ良質な食料の供給に努めていかなければならない。また、環境と調和した農業を推進するとともに、国土の保全、良好な景観の形成といった農業・農村が有する多面的な機能を増進することが重要である。

　加えて、農業・農村の振興を進めていくためには、新しい時代を切り拓くという農業者自らの意欲はもとより、次代を担う子供たちと私たちがともに、農業・農村について積極的に学ぶことが大切である。

　このような考え方に立って、北海道の農業・農村を貴重な財産として育み、将来に引き継いでいくため、この条例を制定する。

農業・農村の振興に関する施策の展開方向（第6期北海道農業・農村振興推進計画）

	めざす姿		実現に向けた施策の推進方針と展開方向
1	持続可能で生産性が高い農業・農村の確立	持続可能で生産性が高い農業を展開するため、農業生産基盤の整備や優良農地の確保と適切な利用、戦略的な研究開発と普及・定着など生産基盤を強化するとともに、消費者の期待と信頼に応える安全・安心な食料の安定生産や環境と調和した農業を推進します	○ほ場の大区画化や排水対策など農業生産基盤の整備 ○担い手への農地の利用集積・集約化の促進 ○スマート農業技術などの導入促進 ○肥料・農薬等の適切な流通・販売・使用の指導 ○需要に応じた各品目ごとの生産体制の強化 ○クリーン農業や有機農業など環境保全型農業の推進
2	国内外の需要を取り込む農業・農村の確立	食市場の変化やニーズの多様化などに対応して、国内外の需要を喚起し取り込むため、ブランド力の強化や輸出を含む農産物などの販路拡大を図るとともに、6次産業化や関連産業との連携強化など地域資源を生かした新たな価値の創出を推進します	○特色ある農産物や食品のブランド力の強化と情報発信 ○プロモーション活動による市場開拓など農産物の輸出促進 ○地域ぐるみの6次産業化や農商工連携の推進 ○道産農産物の加工適性や機能性を生かした商品開発の推進
3	多様な人材が活躍する農業・農村の確立	農業・農村に多様な人材が定着し活躍できるよう、農業経営体の経営安定・発展とともに、農業経営を担う人材の確保・定着、地域で経営体を支える組織の育成・強化を図ります。また、所得と雇用機会の確保や生活環境の整備など快適で安心して暮らせる生活の場づくりを推進します	○家族経営などの経営体質の強化 ○地域農業の法人化、経営の多角化の推進 ○新規就農者の就農支援や研修教育 ○優れた経営感覚を備えた農業経営者や女性農業者の育成 ○農作業受託組織やTMRセンターなどの営農支援組織の育成・強化
4	道民の理解に支えられる農業・農村の確立	農業・農村に対する道民理解を促進するため、食育や地産地消など愛食運動の総合的な推進や、多面的機能の発揮などに向けた活力ある農村づくり、都市・農村交流や農業・農村の魅力の発信など道民コンセンサスの形成促進を図ります	○食育や地産地消など愛食運動の推進 ○農業・農村の有する多面的機能の発揮を促進する取り組みの推進 ○ふれあいファームや農泊などを通じた都市と農村交流の促進 ○情報誌の発行やSNSなどによる農業・農村の魅力や情報の発信

◆資料編◆ 主要農業統計

■表1　全国に占める北海道農業の地位

区　分	単 位	北海道(A)	全国(B)	A／B (%)	資　料 調査年	資　料 資料出所
耕地面積						
総土地面積	千ha	8,342	37,797	22.1%	令和5	国土交通省「全国都道府県市区町村別面積調査」
耕地面積		1,141	4,325	26.4%		農林水産省「耕地及び作付面積統計」
うち田		222	2,352	9.4%	令和4	
うち畑		920	1,973	46.6%		
1戸当たり経営耕地面積(経営体)	ha	33.1	2.3(都府県)	14.4倍		
農業経営体						
農業経営体数	千経営体	33	975	3.4%	令和4	農林水産省「農業構造動態調査」
個人経営体		28	935	3.0%		
主業		21	205	10.2%		
準主業		1	126	0.8%		
副業的		6	604	1.0%		
主業農家率(個人経営体)	％	75.3	20.2(都府県)	3.7倍		
農家人口						
総人口	千人	5,184	125,928	4.1%	令和4	総務省「住民基本台帳」
農業就業者人口	人	73,400	2,144,800	3.4%	令和4	農林水産省「農業構造動態調査」
所得						
道(国)民所得	十億円	14,012	375,389	3.7%	令和2	内閣府「国民経済計算推計」北海道総合政策部「道民経済計算」
農業産出額						
産出額	億円	13,108	88,600	14.8%	令和3	農林水産省「生産農業所得統計」
耕種		5,456	53,989	10.1%		
うち米		1,041	13,751	7.6%		
畜産		7,652	34,062	22.5%		
うち生乳		4,069	7,863	51.7%		
農畜産物生産量						
米	千t	553	7,269	7.6%	令和4	農林水産省「作物統計」
小麦		614	994	61.8%		
馬鈴しょ(春植え)		1,819	2,245	81.0%		
大豆		109	243	44.9%		
小豆		39	42	93.3%		
いんげん		8	9	94.8%		
てん菜		3,545	3,545	100.0%		
生乳		4,254	7,533	56.5%		同「牛乳乳製品統計」
牛肉		95	478	19.9%	令和3	同「食肉流通統計」
家畜飼養頭羽数						
乳用牛	千頭	846	1,371	61.7%	令和4	農林水産省「畜産統計」
肉用牛		553	2,614	21.2%		同「牛乳乳製品統計」
豚		728	8,949	8.1%		同「食肉流通統計」
採卵鶏	千羽	5,256	137,291	3.8%		同「鶏卵流通統計」
軽種馬	千頭	10	10	97.4%		(公社)日本軽種馬協会調べ
農家経済(販売農家1経営体当たり)						
農業粗収益	千円	30,516	7,244(都府県)	4.2倍	令和3	農林水産省「営農類型別経営統計」
農業所得		5,781	1,152(都府県)	5.0倍		
農外所得		121	940(都府県)	0.1倍		
農業依存度	％	99.0	79.9(都府県)	1.2倍		

■表2 耕地面積

（単位：ha）

年次	総土地面積	耕地								1経営体当たりの経営耕地面積（個人経営体）
		合計	田		畑					
			計	本地	計	普通畑	樹園地	牧草地		
昭和60	8,351,922	1,185,000	258,100	242,200	926,800	426,400	4,350	496,100		10.1
平成 7	8,345,159	1,201,000	239,800	225,200	961,700	417,800	3,780	540,200		14.0
17	8,345,573	1,169,000	227,700	214,600	941,000	412,200	3,440	525,400		18.7
22	8,345,687	1,156,000	224,600	212,300	931,700	414,400	2,990	514,300		21.5
27	8,342,431	1,147,000	223,000	211,200	924,500	414,900	2,910	506,700		26.5
令和 3	8,342,439	1,143,000	222,000	210,300	920,700	417,600	3,030	500,000		30.8
4	8,342,387	1,141,000	221,600	210,000	919,900	418,100	3,050	498,700		33.1

資料:国土交通省国土地理院「全国都道府県市区町村別面積」、農林水産省「耕地及び作付面積統計」「農林業センサス」「農業構造動態調査」
注:1)根室総合振興局および昭和50年以降の北海道の総土地面積には歯舞諸島、色丹島、国後島、択捉島(503,614ha)を含むが、耕地率および森林率の算定に当たっては前記四島を除いている
　　2)「1経営体当たりの経営耕地面積」の平成27年次以前は、「販売農家1戸当たりの経営耕地面積」を掲載

■表3 農業経営体数および農業就業人口

年次	農業経営体数								農業就業人口		
	実数				構成比(%)				総数(人)	男女別割合(%)	
	農業経営体	個人経営体	団体経営体	法人経営体	農業経営体	個人経営体	団体経営体	法人経営体		男	女
平成22	46,549	(44,298)	(2,251)	(1,726)	(100.0)	95.2	4.8	3.7	111,324	53.3	46.7
27	40,714	(38,198)	(2,516)	(2,117)	(100.0)	93.8	6.2	5.2	96,557	54.4	45.6
令和 3	34,200	29,700	4,500	4,200	100.0	86.8	13.2	12.3	75,800	55.5	44.5
4	33,000	28,300	4,700	4,400	100.0	85.8	14.2	13.3	73,400	55.4	44.6

資料:農林水産省「世界農林業センサス」「農林業センサス」「農業構造動態調査」
注:1)実数のうち、個人経営体の( )は家族経営体(1戸1法人を含む)の数値。団体経営体の( )は組織経営体の数値であり、法人経営体の( )には家族経営体は含まれない
　　2)農業就業人口の平成27年までの数値は、販売農家における調査。

■表4 農業産出額

（単位：億円）

年次	合計	耕種										畜産							
		計	米	小麦	雑穀豆類	いも類	野菜	果実	花き	工芸作物	その他	計	肉用牛	乳用牛	生乳	豚	鶏	鶏卵	その他
平成22	9,946	4,806	1,064	249	302	621	2,032	52	126	335	27	5,139	559	3,634	3,041	336	313	186	297
27	11,852	5,340	1,149	259	336	684	2,224	64	122	458	44	6,512	972	4,317	3,544	433	399	238	392
令和2	12,667	5,329	1,198	328	355	649	2,145	69	129	414	41	7,337	960	4,983	4,026	512	322	172	560
3	13,108	5,456	1,041	512	368	722	2,094	77	131	465	45	7,652	1,131	4,976	4,069	512	383	229	649

資料:農林水産省「生産農業所得統計」

■表5 主要農産物の生産

(1)年次別

品目	年次	作付面積(ha)	10a当たり収量(kg)	生産量(t)	品目	年次	作付面積(ha)	10a当たり収量(kg)	生産量(t)
水稲	平成22	114,600	525	601,700	大豆	平成22	24,400	237	57,800
	27	107,800	559	602,600		27	33,900	253	85,900
	令和3	96,100	597	573,700		令和3	42,000	251	105,400
	4	93,600	591	553,200		4	43,200	252	108,900
小麦	平成22	116,300	300	349,400	小豆	平成22	23,200	210	48,700
	27	122,600	596	731,000		27	21,900	272	59,500
	令和3	126,100	578	728,400		令和3	19,000	206	39,100
	4	130,600	470	614,200		4	19,100	206	39,300
馬鈴しょ（春植え）	平成22	54,100	3,240	1,753,000	たまねぎ	平成22	12,500	4,580	572,500
	27	51,000	3,740	1,907,000		27	14,200	5,770	819,300
	令和3	47,100	3,580	1,686,000		令和2	14,600	6,110	892,100
	4	48,500	3,750	1,819,000		3	14,600	4,560	665,800
てん菜	平成22	62,600	4,940	3,090,000	牧草	平成22	553,500	3,320	18,376,000
	27	58,800	6,680	3,925,000		27	540,500	3,340	18,053,000
	令和3	57,700	7,040	4,061,000		令和3	529,700	3,150	16,686,000
	4	55,400	6,400	3,545,000		4	525,200	3,350	17,594,000

資料:農林水産省「作物統計」「野菜生産出荷統計」

(2) 総合振興局・振興局別(令和4年)

(単位:ha, t)

振興局など	水稲 作付面積	水稲 収穫量	小麦 作付面積	小麦 収穫量	馬鈴しょ(令和3年) 作付面積	馬鈴しょ(令和3年) 収穫量	てん菜 作付面積	てん菜 収穫量	大豆 作付面積	大豆 収穫量	たまねぎ(令和3年) 作付面積	たまねぎ(令和3年) 収穫量	そば(令和3年) 作付面積	そば(令和3年) 収穫量
空知	39,500	236,500	22,100	95,700	600	18,500	620	43,800	10,500	26,700	1,931	78,264	7,050	3,130
石狩	6,440	37,600	10,000	42,900	710	24,000	1,170	67,600	3,040	8,210	372	17,972	250	142
後志	4,210	23,300	2,090	8,080	3,720	110,800	1,190	68,600	1,930	4,070	48	1,482	1,740	1,640
胆振	3,320	17,700	2,620	9,620	483	16,100	1,380	67,000	1,640	3,930	52	1,636	114	145
日高	1,190	6,210	89	214	37	1,440	38	1,720	64	149	6	300	x	x
渡島	2,830	14,700	409	1,070	593	16,500	134	5,560	528	906	0	—	112	52
檜山	3,590	18,400	1,330	3,290	1,040	30,600	336	17,500	1,630	2,740	1	8	564	563
上川	27,600	170,800	16,200	66,800	2,330	63,300	3,370	234,100	8,200	21,700	2,656	106,744	11,100	8,670
留萌	3,900	22,300	1,970	6,520	18	3,040	194	13,300	874	1,920	—	—	531	356
宗谷	—	—	—	—	x	x	—	—	—	—	0	1	55	16
オホーツク	907	4,940	29,600	162,800	15,300	594,300	22,200	1,573,000	3,440	9,120	7,246	325,295	647	485
十勝	11	49	43,900	215,400	21,500	780,900	24,400	1,428,000	11,300	29,600	764	32,179	836	906
釧路	—	—	268	1,250	405	14,500	289	18,300	31	59	1	24	256	184
根室	—	—	112	486	377	14,500	116	6,060	x	x	—	—	1,040	931

資料:農林水産省「作物統計」「野菜生産出荷統計」、北海道農政部調べ

■表6 家畜の飼養状況

(単位:戸、頭、千羽)

年次	乳用牛 飼養農家数	乳用牛 飼養頭数	乳用牛 うち2歳以上	乳用牛 1戸当たり頭数	肉用牛 飼養農家数	肉用牛 飼養頭数	肉用牛 うち乳用種	肉用牛 1戸当たり頭数	豚 飼養農家数	豚 飼養頭数	豚 1戸当たり頭数	採卵鶏 飼養農家数	採卵鶏 成鶏雌飼養羽数	採卵鶏 1戸当たり羽数
平成7	11,900	882,900	543,100	74.2	4,470	430,400	301,200	96.3	920	582,400	633.0	250	6,770	27.1
12	9,950	866,900	545,500	87.1	3,460	413,500	285,400	119.5	550	546,100	992.9	130	6,149	47.3
17	8,830	857,500	537,200	97.1	3,050	447,700	320,700	146.8	…	…	…	…	…	…
22	7,690	826,800	524,100	107.5	3,020	538,600	338,300	178.3	…	…	…	…	…	…
27	6,680	792,400	496,400	118.6	2,620	505,200	336,600	192.8	…	…	…	…	…	…
29	6,310	779,400	496,400	123.5	2,610	516,500	339,200	197.9	211	630,900	2,990.0	64	5,229	81.7
令和3	5,710	829,900	504,600	145.3	2,270	536,200	336,700	236.2	199	724,900	3,642.7	56	5,249	93.7
4	5,560	846,100	516,000	152.2	2,240	553,300	352,100	247.0	203	727,800	3,585.2	56	5,256	93.9

資料:農林水産省「畜産統計」
注:1) 各年2月1日現在
　　2) 採卵鶏については、種鶏のみの飼養者を除く1,000羽以上の飼養者

■表7 主要畜産物の生産

(単位:t)

年度	生乳 生乳生産量	生乳 生乳処理量 飲用牛乳等向け	生乳 生乳処理量 乳製品向け	生乳 生乳処理量 その他	年次	枝肉 牛	枝肉 豚	鶏卵
平成7	3,471,586	435,949	2,496,745	66,644	平成7	92,034	78,185	106,029
12	3,622,237	424,707	2,687,596	50,549	12	74,409	72,326	109,131
17	3,882,898	539,588	2,894,802	35,950	17	74,103	70,617	106,067
22	3,897,287	475,419	3,000,658	31,748	22	83,407	81,262	101,256
27	3,911,711	565,124	2,982,198	25,897	27	90,470	84,307	107,692
令和2	4,158,475	572,001	3,020,539	22,969	令和元	91,923	93,903	102,885
3	4,310,941	578,315	3,223,653	23,231	2	93,415	100,110	102,151
4	4,253,607	574,281	3,172,956	24,630	3	94,912	102,804	102,898

資料:農林水産省「牛乳乳製品統計」「食肉流通統計」
注:牛のうち、肉用牛は和牛とその他の牛(外国種の肉用種および和牛と外国牛の交雑種)の合計、乳牛は乳用雌牛と乳用肥育雄牛の合計、子牛は和子牛・乳子牛およびその他の子牛の合計、令和2年の生乳処理量は概算値

◆資料編◆ 農業施設案内

注）短縮営業または休館の場合があります。視察などで来場される際には、必ず事前に電話などで確認願います。また、施設の繁忙期などには、対応できない場合があります。

種類	振興局	施設名	内容	連絡先
集出荷貯蔵施設	空知	玄米バラ集出荷調製施設「情熱米ターミナル」（岩見沢市）	玄米バラ調製出荷施設	JAいわみざわ施設管理部門 0126-24-8833
		米穀乾燥調製施設「きたむら」（岩見沢市）	もみ乾燥調製出荷施設	JAいわみざわ施設管理部門 0126-24-8833
		穀類乾燥調製貯蔵施設「超低温貯蔵・未ら来る米ステーション」（岩見沢市）	もみ乾燥調製出荷、外気温による超低温もみ貯蔵施設	JAいわみざわ施設管理部門 0126-24-8833
		美唄市米穀乾燥調製施設「らいす工房びばい」（美唄市）	米穀乾燥調製施設に有機物製造供給施設を併設	JAびばい 0126-63-2161
		米穀雪零温貯蔵施設「雪蔵工房」（美唄市）	玄米の雪零温による貯蔵施設	JAびばい 0126-63-2161
		玄米バラ集出荷調製施設「いなほの里ライスステーション」（美唄市）	玄米バラ調製出荷施設	JAみねのぶ 0126-67-2111
		美唄市小麦集出荷調製施設（美唄市）	小麦調製出荷施設	JAみねのぶ 0126-67-2111
		大豆乾燥調製貯蔵施設（美唄市）	大豆乾燥調製施設	JAみねのぶ 0126-67-2111
		米麦ばら調製集出荷施設（滝川市）	玄米や乾燥麦のばら調製貯蔵施設	JAたきかわ販売部 0125-23-2200
		穀類乾燥調製施設「北の米蔵」（滝川市）	米や麦の乾燥調製施設	JAたきかわ販売部 0125-23-2200
		菜種・蕎麦乾燥調製施設（滝川市）	菜種やそばの乾燥調製施設	JAたきかわ販売部 0125-23-2200
		ホクレンパールライス砂川工場（砂川市）	大型精米工場	直接 0125-53-1192
		JA新すながわトマト集出荷施設（砂川市）	カメラによる形態選別から箱詰めや仕分けまで自動化されたトマト集出荷施設	JA新すながわ奈井江支所 0125-65-2211
		深川穀類乾燥調製貯蔵施設「深川マイナリー」（深川市）	米穀もみ乾燥調製貯蔵施設	JAきたそらち深川支所 0164-26-0137
		JAきたそらち広域小麦・大豆乾燥調製貯蔵施設（深川市）	小麦や大豆乾燥調製貯蔵施設	JAきたそらち深川支所 0164-26-0138
		南幌町ライスターミナル「米夢21」（南幌町）	穀類乾燥調製貯蔵施設	JAなんぽろ 011-378-2221
		南幌町穀類乾燥調製貯蔵施設「麦富21」（南幌町）	穀類乾燥調製貯蔵施設	JAなんぽろ 011-378-2221
		奈井江町米穀乾燥調製貯蔵施設「中心蔵JA新すながわライスターミナル」（奈井江町）	半乾もみで受け入れ施設で仕上げ乾燥、もみはサイロで超低温保存し、今摺り米として出荷	JA新すながわ奈井江支所 0125-65-2211
		奈井江町米穀貯蔵用利雪低温倉庫「雪米の蔵〜ゆめのくら」（奈井江町）	雪氷熱を利用した米穀貯蔵施設	JA新すながわ奈井江支所 0125-65-2211
		由仁町米穀乾燥調製貯蔵施設「米賓館」（由仁町）	米乾燥調製施設	JAそらち南 0123-72-1313
		由仁町農協穀類乾燥調製貯蔵施設（由仁町）	小麦乾燥調製貯蔵施設	JAそらち南 0123-72-1313
		豆類乾燥調製施設（由仁町）	大豆調製施設	JAそらち南 0123-72-1313
		種馬鈴しょ等集出荷貯蔵施設「ポテト館」（由仁町）	種馬鈴しょ集出荷、選別、貯蔵施設	JAそらち南 0123-72-1313
		長沼町穀類乾燥調製貯蔵施設「米の館」（長沼町）	穀類乾燥調製貯蔵施設	JAながぬま 0123-88-0733
		種馬鈴しょ集出荷施設（栗山町）	種馬鈴しょ集出荷、選別施設	JAそらち南 0123-72-1313
		米共同乾燥調製施設（栗山町）	米共同乾燥調製施設	JAそらち南 0123-72-1313
		麦用共同乾燥調製施設（栗山町）	麦用共同乾燥調製施設	JAそらち南 0123-72-1313
		小麦貯蔵施設（栗山町）	小麦貯蔵施設	JAそらち南 0123-72-1313
		玉葱集出荷貯蔵施設（栗山町）	たまねぎ集出荷貯蔵施設	JAそらち南 0123-72-1313
		大豆貯蔵施設（栗山町）	大豆貯蔵施設	JAそらち南 0123-72-1313
		穀類乾燥調製貯蔵施設「こめ工房」（月形町）	穀類乾燥調製貯蔵施設	JA月形町 0126-53-2111
		月形町青果物集出荷貯蔵施設（月形町）	青果物集出荷貯蔵施設	JA月形町 0126-53-2111
		米穀乾燥調製貯蔵施設「中心蔵ライスターミナル」（新十津川町・浦臼町）	もみと玄米の同時受け入れ、もみはサイロで超低温、玄米はフレコンで自動ラック式低温倉庫で保管	JAピンネ本所 0125-76-2221
		米穀乾燥調製貯蔵施設「いなほの鐘」（秩父別町）	穀類乾燥調製貯蔵施設	JA北いぶき秩父別支所 0164-33-2412
		雨竜町ライスコンビナート「暑寒の塔」（雨竜町）	穀類乾燥調製貯蔵施設、もみ殻膨軟化処理施設、もみ殻堆肥化施設	雨竜町産業建設課 0125-77-2213
		北竜町玄米バラ調製集出荷施設（北竜町）	玄米バラ調製出荷施設	JAきたそらち北竜支所 0164-34-2211
		沼田町米穀低温貯蔵乾燥調製施設スノークールライスファクトリー（沼田町）	自然雪を利用した低温乾燥調製貯蔵施設	JA北いぶき 0164-35-2221
	石狩	瑞穂の館（江別市）	乾燥もみ殻での除湿乾燥による大規模乾燥調製施設	JA道央江別営農センター 011-382-4115
		JA北いしかりかぼちゃ集出荷貯蔵施設（当別町）	温度、湿度管理に対応した送風循環機能を備えた施設	JA北いしかり青果課 0133-26-2111
		ホクレン・パールライス工場（石狩市）	大型精米工場	直接 0133-76-2550
		ホクレン札幌野菜センター（石狩パッケージセンター）（石狩市）	野菜の選別からパッケージまでの一貫施設	直接 0133-74-8003
		ホクレン石狩穀物調製センター（石狩市）	豆類の選別からパッケージまでの一貫施設	直接 0133-74-5551
		JA道央広域小麦乾燥調製貯蔵施設（恵庭市）	小麦乾燥調製貯蔵施設	JA道央恵庭・北広島営農センター 0123-36-8917
		さっぽろライスターミナル「米夢工房」（当別町）	4つのJAが管理組合を設立して広域的に米と大豆の乾燥調製貯蔵施設を運営	直接 0133-26-3322
	後志	大根洗浄選果施設（留寿都村）	自動選別システムを導入しただいこん集出荷施設	JAようてい 0136-21-2311
		馬鈴しょ集出荷貯蔵施設（留寿都村・京極町・倶知安町）	大規模な馬鈴しょ集出荷貯蔵施設	JAようてい 0136-21-2311
		人参集出荷貯蔵施設（京極町）	大規模な人参集出荷貯蔵施設	JAようてい 0136-21-2311
		スイカ・メロン集出荷施設（共和町）	光センサーによる内部品質測定を搭載した自動選別施設	JAきょうわ営農販売部 0135-74-3011
		米穀調製貯蔵施設（共和町）	玄米をバラ出荷し調製、低温貯蔵による品質を重視した施設	JAきょうわ営農販売部 0135-74-3011
		馬鈴薯集出荷貯蔵施設（共和町）	馬鈴しょの集出荷選別および貯蔵施設	JAきょうわ営農販売部 0135-74-3011
		雪氷室貯蔵施設（赤井川村）	自然雪を利用した農作物貯蔵施設	㈲どさんこ農産センター 0135-34-6175
		雪利用米穀貯蔵庫（ニセコ町）	雪氷冷熱エネルギーを利用した玄米低温貯蔵庫	JAようてい 0136-21-2311
		トマト集出荷選別施設（蘭越町）	トマトの集出荷選別および予冷施設	JAようてい 0136-21-2311
		ミニトマト集出荷選別施設（余市町）	識別センサーを搭載したミニトマトの自動選別施設	JAよいち 0135-23-3121
		㈱アグリテック真狩（真狩村）	馬鈴しょの選果、加工処理、貯蔵施設	直接 0136-55-6138
		JA新おたる　ミニトマト集出荷貯蔵施設（仁木町）	選果、梱包が機械化されたミニトマトの集出荷貯蔵施設。選果機は、糖度のほかリコピンも計測可能	直接 0135-48-6600
	胆振	JA伊達市　やさい集出荷所（伊達市）	真空予冷機と立体自動保存所を有する集出荷施設	JA伊達市 0142-23-2181
		JAとまこまい広域　青果物集出荷予冷貯蔵施設（厚真町）	自然冷熱を利用した馬鈴しょの低温貯蔵（氷室メークイン）、ハスカップ、ほうれんそう、グリーンアスパラの集出荷施設	JAとまこまい広域 0145-27-2241
		たんとうまいステーション（厚真町）	穀類乾燥調製貯蔵施設	厚真町 0145-27-2321
		JAとまこまい広域　低温貯蔵・常温集出荷貯蔵施設（厚真町）	取り扱い品目は大豆など	JAとまこまい広域 0145-27-2241
		JAとまこまい広域　農産物集出荷貯蔵施設（厚真町）	米・かぼちゃの貯蔵施設	JAとまこまい広域 0145-27-2241
		安平町野菜共同集出荷場（安平町）	野菜共同集出荷場	安平町 0145-22-2515
		安平町米麦乾燥貯蔵施設（安平町）	米麦乾燥貯蔵施設	JAとまこまい広域追分支所 0145-25-2525
		雪・氷室野菜貯蔵施設（むかわ町）	雪氷の冷熱エネルギーを利用した野菜の貯蔵施設	JAとまこまい広域穂別支所 0145-45-2211
		雪・氷室玄米低温貯蔵施設（むかわ町）	玄米の長期保存が可能な雪を利用した低温貯蔵施設	JAとまこまい広域穂別支所 0145-45-2211
		野菜集出荷選果貯蔵施設（むかわ町）	取り扱い品目はトマト、ほうれんそう	JAむかわ 0145-42-2611
		穀類乾燥調製施設（むかわ町）	米麦大豆乾燥貯蔵施設	JAむかわ 0145-42-2611
		馬鈴薯集出荷貯蔵施設（洞爺湖町）	馬鈴しょ貯蔵施設、馬鈴しょ選別機	JAとうや湖 0142-89-2468
	日高	門別町農協　農産物集出荷貯蔵施設（日高町）	軟らかく辛みが少ない「美味ネギ君」（軟白長ねぎ）などの集出荷施設	JA門別 01456-2-5111
		びらとり農協　野菜集出荷貯蔵施設（平取町）	電子形状選別機を備えた道内最大のトマト集出荷施設	JAびらとり 01457-2-2211
		新冠町農協　ピーマン集出荷選別施設（新冠町）	道内一の生産を誇るピーマンの集出荷選別施設	JAにいかっぷ 0146-47-3111
		ひだか東農協　農産物選果施設（浦河町）	重量選果機を備えた、いちごなどの選果施設	JAひだか東 0146-22-1500
		ひだか東農協　規格外いちご冷凍庫（浦河町）	加工業者向けに安定供給を図るための冷凍施設	JAひだか東 0146-22-1500
		ひだか東農協　いちご共同選果場（様似町）	画像処理機能を備えたいちごの選果施設	JAひだか東 0146-22-1500

種類	振興局	施設名	内 容	連絡先
集出荷貯蔵施設	日高	しずない農協　ミニトマト選果施設（新ひだか町）	ミニトマト「太陽の瞳」出荷のための選果施設	JA しずない 0146-42-1051
		新ひだか町　花き野菜集出荷施設（新ひだか町）	花「デルフィニウム」を中心とした集出荷施設	JA みついし 0146-34-2011
	渡島	函館育ちライスターミナル（北斗市）	安全でおいしい高品質の道南ブランド「函館育ち」の米を提供する広域穀類乾燥調製施設	JA 新こだて北斗営農センター 0138-77-7772
		北斗市トマト共同選別施設（北斗市）	カメラ形状選別機やトレーサビリティー対応システムなどを備えたトマト選別施設	JA 新こだて北斗営農センター 0138-77-7772
		北斗市キュウリ共同選別施設（北斗市）	カメラ形態選別、箱詰め、一部ピロー包装にも対応した選別施設	JA 新こだて北斗営農センター 0138-77-7772
		知内町野菜集出荷貯蔵施設（知内町）	ニラ共同調製包装施設、ほうれん草包装機を備えた集出荷施設	JA 新こだて知内営農センター 01397-5-5224
		JA 新こだて　七飯基幹支店農産センター（七飯町）	にんじんや花きの共選機能を備えた集出荷施設	JA 新こだて七飯営農センター 0138-65-3078
		新野菜広域流通施設（七飯町）	真空予冷設備を備えた広域出荷施設	JA はこだて本店 0138-77-5558
		森町トマト集出荷選果施設（森町）	カメラによる形態選別から箱詰め、仕分けまで自動化されたトマト集出荷施設	JA 新こだて森営農センター 01374-2-2386
	檜山	JA 新こだて西地区　グリーンアスパラガス選別施設（江差町）	グリーンアスパラの選別から梱包までの一貫施設	JA 新こだて厚沢部営農センター 0139-64-3321
		JA 新こだて上ノ国事業所　野菜選別施設（上ノ国町）	野菜の選別から梱包までの一貫施設	JA 新こだて厚沢部営農センター 0139-64-3321
		JA 新こだて　馬鈴薯集出荷貯蔵施設（厚沢部町）	メークイン電光選別機、低温貯蔵庫	JA 新こだて厚沢部営農センター 0139-64-3321
		JA 新こだて　種子馬鈴薯選別施設（厚沢部町）	カメラ式形状選別、自動秤量、ロボットパレタイジングなどを備えた種子馬鈴しょ選別施設	JA 新こだて厚沢部営農センター 0139-64-3321
		JA 新こだて　小麦・大豆選別施設（厚沢部町）	小麦、白大豆の調製施設	JA 新こだて厚沢部営農センター 0139-64-3321
		函館育ち　今金工場「JA 今金町玄米バラ集出荷調製施設」（今金町）	玄米バラ調製出荷施設、低温貯蔵庫	JA 今金町 0137-82-0211
		今金町農協　馬鈴しょ集出荷施設（今金町）	空洞化センサー方式による馬鈴しょ選別	JA 今金町 0137-82-0211
		函館育ち　若松工場「北の白虎ライスターミナル」（せたな町）	自然乾燥に近い累積攪拌（かくはん）方式を採用したもみ乾燥調製貯蔵施設	JA 新こだてせたな営農センター 0137-84-5311
		函館育ち　北檜山工場「スーパーチェックターミナル」（せたな町）	玄米バラ調製出荷施設	JA 新こだてせたな営農センター 0137-84-5311
	上川	JA あさひかわ（旭川市）	江丹別そば、自然雪蔵熟成そば貯蔵熟成施設	直接 0166-37-8855
		上川北部地区もち米乾燥調製施設（名寄市）	もち米の乾燥調製施設	直接 01654-3-1320
		ゆきわらべ雪中蔵（名寄市）	雪室型もち米低温貯蔵施設	JA 道北なよろ営農センター営農課 01654-3-4307
		名寄市風連農産物出荷調製利雪施設（名寄市）	雪の冷熱エネルギーを利用した低温貯蔵施設	JA 道北なよろ販売部農産課 01655-3-2521
		玉葱選別施設（富良野市）	最新 AI を用いたカメラによる玉葱の選別施設	JA ふらの営農課 0167-23-3534
		上川中央部米穀広域カントリーエレベーター（鷹栖町）	もみ乾燥調製貯蔵施設	直接 0166-87-2936
		JA 当麻　カントリーエレベーター（当麻町）	もみ乾燥調製貯蔵施設	直接 0166-84-3202
		JA 当麻　スイカ選別施設（当麻町）	でんすけスイカの空洞、糖度、外観判定設備	直接 0165-84-3201
		JA 当麻　精米施設（当麻町）	米の精米施設（HACCP 認証施設）	直接 0166-84-3202
		JA 当麻　ミニトマト選果施設（当麻町）	ミニトマトの糖度測定、金属検出、ロボットによる自動トレー詰めなどの設備を備えた選果施設	直接 0166-84-3201
		苺・苺苗予冷貯蔵施設（比布町）	いちごやいちご苗の高湿度予冷貯蔵施設	JA ぴっぷ町 0166-85-3111
		JA 当麻　胡瓜選別施設（当麻町）	ロボットによるきゅうりの箱詰め、外観カメラなどの設備を備えた選別施設	直接 0166-84-3202
		美瑛町トマト選果施設（美瑛町）	トマト自動選別施設	JA びえい販売部 0166-92-1258
		中富良野カントリーエレベーター（中富良野町）	米麦もみ乾燥調製貯蔵施設	直接 0167-44-4366
		南宗谷線地区米穀乾燥調製貯蔵施設「米工房天塩の大地」（和寒町）	遠赤乾燥機を用いた米穀乾燥調製貯蔵	直接 0165-32-6100
		JA 北はるか　農産物集出荷施設（美深町）	かぼちゃやアスパラなどの集出荷選別施設	JA 北はるか 01656-2-1601
		幌加内町そば乾燥調製施設「そば日本一の館」（幌加内町）	そばの乾燥調製貯蔵施設	JA きたそらち幌加内支所 0165-35-2021
		幌加内町農産物低温貯蔵施設（幌加内町）	そばの利雪型低温貯蔵施設	JA きたそらち幌加内支所 0165-35-2021
		幌加内町農産物処理加工施設（幌加内町）	そばのむき実処理加工施設	JA きたそらち幌加内支所 0165-35-2021
		士別青果事務所（士別市）	ブロッコリーやアスパラなどの選果施設、玉ねぎなどの貯蔵施設	直接 0165-22-4580
		北ひびき農協　めぐみ野士別（士別市）	堆肥センター	直接 0165-22-0710
		武徳ライスセンター（士別市）	米麦穀物乾燥貯蔵施設	直接 0165-22-2415
	留萌	苫前町穀類乾燥調製施設（苫前町）	乾燥調製設備のほか、ラック式貯留乾燥設備 120 棚を備えた穀類乾燥調製施設	苫前町 0164-64-2142・JA るもい苫前支所 0164-65-4411
		JA るもい　豆類乾燥調製施設（苫前町）	ラック式乾燥方式による大豆の乾燥調製施設	JA るもい苫前支所 0164-65-4411
		JA るもい　雪冷ハイブリッド式定温倉庫（苫前町）	雪エネルギーと電力のハイブリッド方式の冷熱供給システムによる定温倉庫	JA るもい苫前支所 0164-65-4411
		JA るもい　スイートコーン集出荷施設（苫前町）	道内初の X 線で選別するシステムを導入した集出荷施設	JA るもい苫前支所 0164-65-4411
		羽幌ライスターミナル（羽幌町）	ラック式乾燥方式による米の乾燥調製施設	JA るもい本所農産部 0164-62-2141
		豊岬小麦乾燥センター（初山別村）	遠赤外線乾燥機を用いた麦乾燥調製施設	JA るもい本所農産部 0164-62-2141
		JA るもい　ライスセンター「北限夢工房」（遠別町）	連続強制通風貯留乾燥方式により自然乾燥米の味を再現する乾燥調製施設	JA るもい遠別支所 01632-7-2511
		精米・製粉施設（小平町）	精米機・米製粉機による米粉製造施設	JA るもい小平支所 0164-56-2211
		米貯蔵施設（小平町）	半自動ラック式による米貯蔵施設	JA るもい小平支所 0164-56-2211
	オホーツク	玉葱 CA 貯蔵施設（北見市）	CA 貯蔵によるたまねぎの冷蔵施設	JA きたみらい販売企画部 0157-33-3401
		端野たまねぎ集出荷施設（北見市）	たまねぎキュアリング施設	JA きたみらい販売企画部 0157-33-3401
		端野たまねぎ茎葉処理施設（北見市）	たまねぎ茎葉処理施設	JA きたみらい販売企画部 0157-33-3401
		穀類乾燥調製貯蔵施設（北見市）	穀類乾燥調製貯蔵施設	JA きたみらい販売企画部 0157-33-3401
		馬鈴しょ中心空洞判定装置（北見市）	馬鈴しょ中心空洞判定装置（北見市端野：8 ライン、北見市青果物センター：12 ライン）	JA きたみらい販売企画部 0157-33-3401
		相内玉ねぎ集出荷施設（北見市）	たまねぎ選別施設、キュアリング施設	JA きたみらい販売企画部 0157-33-3401
		馬鈴しょ中心空洞判定装置（訓子府町）	馬鈴しょ中心空洞判定装置（訓子府町：10 ライン）	JA きたみらい訓子府地区事務所 0157-47-2637
		たまねぎ選別施設（訓子府町）	たまねぎキュアリング施設	JA きたみらい訓子府地区事務所 0157-47-2637
		網走市麦類乾燥調製貯蔵施設（網走市）	麦類乾燥調製貯蔵施設	網走市農林課農業振興係 0152-44-6111
		網走市小麦集出荷施設（網走市）	小麦の広域サイロ（船積センター）	網走市農林課農業振興係 0152-44-6111
		美幌広域連　選別貯蔵施設（美幌町）	たまねぎ、馬鈴しょの広域集出荷選別施設	直接 0152-73-5176
		人参洗浄選別施設（美幌町）	にんじん洗浄選別施設、予冷設備	JA びほろ 0152-72-1111
		加工馬鈴しょ集出荷貯蔵施設（美幌町）	加工馬鈴しょ集出荷貯蔵施設	JA びほろ 0152-72-1111
		加工馬鈴しょ集出荷貯蔵施設（津別町）	加工馬鈴しょ集出荷貯蔵施設	JA つべつ 0152-76-3322
		斜里町農業加工馬鈴薯集出荷貯蔵施設（斜里町）	加工馬鈴しょ集出荷、選別、貯蔵施設	JA しれとこ斜里 0152-23-3151
		斜里町人参洗浄選別施設（斜里町）	にんじん洗浄選別施設、設備、予冷設備	JA しれとこ斜里 0152-23-3151
		穀類乾燥調製貯蔵施設（清里町）	穀類乾燥調製貯蔵施設	JA 清里町 0152-25-2211
		玉ねぎ選果貯蔵施設（湧別町）	たまねぎ選果貯蔵施設	JA えんゆう 01586-2-2161
		東藻琴ながいも貯蔵施設（大空町）	特産品であるながいもの洗浄、選別貯蔵施設	JA オホーツク網走 0152-43-2311
		穀類乾燥調製貯蔵施設（大空町）	穀類乾燥調製貯蔵施設	JA めまんべつ 0152-74-2131
		てん菜共同育苗施設（大空町）	てん菜共同育苗施設、ポット詰め装置	JA めまんべつ 0152-74-2131
		大空町広域穀類乾燥調製貯蔵施設（大空町）	豆類の乾燥調製貯蔵施設	直接 0152-77-6161
		穀類乾燥調製貯蔵施設（遠軽町）	穀類乾燥調製貯蔵施設	JA えんゆう農産課 01586-2-4122
	十勝	帯広市川西農協　長いも貯蔵施設（帯広市）	高収益で高品質銘柄確立を目指した選別貯蔵施設	JA 帯広かわにし 0155-59-2111
		士幌町農協　馬鈴しょ集出荷貯蔵加工施設（士幌町）	大規模な馬鈴しょ集出荷や加工施設	JA 士幌町 01564-5-2311
		芽室町農協　種子馬鈴しょ選別貯蔵庫（芽室町）	種子馬鈴しょの集出荷選別貯蔵施設	JA めむろ 0155-62-2537
		中札内村農協　農産物加工処理施設（中札内村）	枝豆、いんげんなどの加工処理施設	JA 中札内村 0155-67-2119
		更別村農協　馬鈴しょ集出荷施設（更別村）	カメラセンサーで選別、パレタイザーで等級別に積載	JA さらべつ 0155-52-2120

46

種類	振興局	施設名	内容	連絡先
集出荷貯蔵施設	十勝	十勝港広域小麦流通センター（広尾町）	全道最大の小麦バラ貯蔵施設	農協サイロ㈱ 01558-2-4646
		幕別町野菜集出荷選別貯蔵施設（幕別町）	町内で生産するだいこん、にんじんの高性能選別施設	JA 幕別町 0155-54-4111
		豊頃町農協 だいこん集出荷洗浄施設（豊頃町）	切り干しだいこん加工施設を併設した大規模集出荷施設	JA 豊頃町 015-574-2101
		本別町農協 豆類調製施設（本別町）	小豆、菜豆などの高品質化調製施設	JA 本別町 0156-22-3111
		清水町農協 食用・加工馬鈴しょ貯蔵施設（清水町）	食用や加工馬鈴しょの集出荷貯蔵施設	JA 清水町 0156-63-2521
		清水町農協 にんにく乾燥貯蔵施設（清水町）	にんにくの貯蔵施設	JA 清水町 0156-62-2161
		鹿追町農協 種馬鈴しょ貯蔵施設（鹿追町）	種馬鈴しょの貯蔵、選別施設	JA 鹿追町 0156-66-2326
		音更町農協 豆類貯蔵調製施設（音更町）	大豆の貯留調製施設	JA おとふけ 0155-42-8721
		音更町農協 人参洗浄選別予冷施設（音更町）	にんじんの洗浄選別予冷施設	JA おとふけ 0155-42-8721
		音更町農協 長芋洗浄選別施設（音更町）	ながいもの洗浄選別施設	JA おとふけ 0155-42-8721
	根室	JA 中標津 だいこん集出荷施設（中標津町）	規格統一と産地ブランドの確立を目指した集出荷、選別施設	JA 中標津 0153-72-3275
		JA 中標津 馬鈴しょ選別場（中標津町）	生食用馬鈴薯「伯爵（ワセシロ）」のブランド化を目指した選果施設	JA 中標津 0153-72-3275
		JA 中標津 乳製品工場（中標津町）	良質な生乳を生かした牛乳や乳製品を製造する工場	JA 中標津 0153-72-3275
技術・情報関連施設	空知	岩見沢市農業技術情報施設（岩見沢市）	土壌分析、土づくりの推進、農業情報の収集・提供、農作物に関する試験研究などの実施および農業技術の普及	農業試験場 0126-56-2314 土壌分析施設 56-2538
		花・野菜育苗施設（美唄市）	花（冷房育苗）や野菜の生産施設	JA びばい農産園芸課 0126-63-2161
		ホクレン肥料㈱空知工場（三笠市）	全工程をコンピューターシステム管理した肥料工場	直接 01267-3-2141
		ホクレン滝川種苗生産センター（滝川市）	主要畑作物および食用ゆりの原種生産、水稲種子精選や調製・供給、野菜のプラグ苗の生産供給	直接 0125-24-2075
		ホクレン農業総合研究所長沼研究農場（長沼町）	北海道に適応した主要作物の優良品種の研究開発	直接 0123-88-3330
		雪印種苗中央研究農場（長沼町）	飼料作物、肥料、園芸作物に関する研究や開発	直接 0123-84-2121
	石狩	札幌市農業支援センター（札幌市）	都市型農業推進のための総合支援施設	直接 011-787-2220
		恵庭市農業活性化支援センター《(公財)道央農業振興公社》（恵庭市）	新規就農の育成・支援や各種栽培試験の実施	(公財) 道央農業振興公社 0123-39-6057
	後	北海道原子力環境センター（共和町）	農畜産物の放射能分析、地域農業振興のための各種試験など	直接 0135-74-3131
	胆	施設野菜省エネルギーモデル団地（壮瞥町）	温泉熱を利用した施設野菜団地	壮瞥町 0142-66-2121
	日高	平取町農業支援センター（平取町）	土壌診断、各種情報収集システムによる営農支援施設	直接 01457-2-2383
		新冠町黒毛和種牛等受精卵移植センター（新冠町）	黒毛和種などの優良血統牛の受精卵移植	直接 0146-47-3930
		新ひだか町農業実験センター（新ひだか町）	花き、野菜経営のための試験研究の拠点施設	直接 0146-35-3344
		㈱家畜改良センター新冠牧場（新ひだか町）	畜産新技術を活用した効率的な家畜改良増殖を推進	直接 0146-46-2011
		新ひだか町和牛センター（新ひだか町）	みついし牛の繁殖牛群改良の推進	直接 0146-32-3522
	渡島	北斗市農業振興センター（北斗市）	土壌診断機能を備えた営農指導拠点施設	直接 0138-77-7667
		地熱・温泉熱利用園芸施設（森町）	温泉水と地熱を利用した園芸施設	森町農林課 01374-2-2181
	檜山	厚沢部町農業活性化センター（厚沢部町）	土壌診断、試験栽培、技術指導など農業指導拠点施設	厚沢部町 0139-64-3311
		せたな町農業センター（せたな町）	土壌診断、試験栽培、研修施設	せたな町 0137-84-5111
	上川	旭川市農業センター「花菜里ランド」（旭川市）	野菜や花きの栽培試験研究、土壌分析、体験農園、農産加工室	直接 0166-61-0211
		名寄市農業振興センター（名寄市）	土壌診断、営農技術情報の提供	直接 01655-3-2258
		美瑛町農業技術研修センター（美瑛町）	土壌診断、試験栽培、農産加工研究施設	直接 0166-92-1024
		和寒町農業活性化センター「農想塾」（和寒町）	試験展示圃の設置や研究、土壌分析、農業情報の発信、担い手の研修	直接 0165-32-2010
		剣淵町農業振興センター（剣淵町）	土壌診断、気象情報、農産物加工、営農技術情報の提供、農業ブランド化の推進	直接 0165-34-3311
		美深町農業振興センター（美深町）	土壌診断、気象情報、農産物加工、営農技術情報の提供、試験展示圃の管理運営	直接 01656-2-1130
		幌加内町農業技術センター（幌加内町）	そばなどに関する栽培試験研究や土壌診断	直接 0165-35-2604
	留萌	初山別村農水産加工試験研究センター（初山別村）	アイスクリームをはじめとする農畜産加工試験研究施設	初山別村 01646-7-2211
		遠別町農業振興センター（遠別町）	農産加工試験などを行う施設	遠別町 01632-7-2111
	オホーツク	オホーツク圏地域食品加工技術センター（北見市）	地域食材を活用した試験研究センター	直接 0157-36-0680
		オホーツク農協連 農産物検査センター（北見市）	農産物残留農薬検査、ウイルス病検査	直接 0157-32-7551
		斜里町農業振興センター（斜里町）	土壌診断、気象情報、農畜産物加工、各種営農情報の提供	直接 0152-23-6045
		オホーツク農業科学研究センター（興部町）	農業と農村の活性化を目指した地域農業支援	直接 0158-82-2121
	十勝	帯広市農業技術センター（帯広市）	担い手の育成、営農技術情報の提供など地域農業の振興	直接 0155-59-2323
		帯広市畜産物加工研修センター（帯広市）	ソーセージやチーズなどの手づくり体験	直接 0155-60-2514
		日本甜菜製糖㈱総合研究所（帯広市）	てん菜と製糖技術を中心とした基礎研究	直接 0155-48-4102
		十勝農協連 農産化学研究所（帯広市）	土壌、飼料、堆肥などの分析	直接 0155-37-4325
		北海道立十勝圏地域食品加工技術センター（帯広市）	地域のニーズに対応した食品加工に関する試験研究、検査分析、技術支援	直接 0155-37-8383
		士幌町農協 水耕栽培施設（士幌町）	温泉熱利用水耕栽培施設（ミニトマト、花きなど）	JA 士幌町 01564-5-2311
		JA 全農 ET 研究所（上士幌町）	受精卵移植に関する研究	直接 01564-2-5811
		農研機構北海道農業研究センター芽室研究拠点（芽室町）	畑作物に関する研究と開発	直接 0155-62-2721
		(一社)家畜改良事業団 北海道産肉能力検定場（幕別町）	黒毛和種の改良育成のための拠点施設	直接 0155-54-2802
		(独) 家畜改良センター十勝牧場（音更町）	畜産新技術を活用し効率的な家畜および種畜の改良増殖	直接 0155-44-2131
		陸別町農畜産物加工研修センター（陸別町）	陸別産を使った特産品の開発	直接 0156-27-2192
	根	中標津町畜産食品加工研修センター（中標津町）	乳・肉製品の加工研究、研修施設	直接 0153-78-2216
農業関連資料歴史展示施設	空知	月形樺戸博物館（月形町）	集治監の開監から廃監までと農業の歩みを展示	直接 0126-53-2399
		栗山町開拓記念館（栗山町）	開拓期に使用された農機具や生活用品を展示	直接 0123-72-6035
		新十津川町農業記念館（新十津川町）	開拓当時からの農業の歴史を展示	直接 0125-76-2622
	石狩	雪印メグミルク酪農と乳の歴史館（札幌市）	北海道酪農の歴史と牛乳や乳製品製造機器および製造工程模型を展示	直接 011-704-2329
		国指定史跡旧島松駅逓所（北広島市）	現存する道内最古の駅てい所。寒地稲作を成し遂げた中山久蔵に関する資料など展示（開館 4/28～11/3）	直接 011-377-5412
	後	かかし古里館（共和町）	明治から昭和年間までの農業の歴史と農機具を展示	直接 0135-73-2617
	日高	馬事資料館（浦河町）	軽種馬などの博物館	浦河町立郷土博物館 0146-28-1342
		競走馬のふるさと日高案内所（新ひだか町）	サラブレッドに関する情報や乗馬施設などの案内施設	直接 0146-43-2121
		二十間道路牧場案内所（新ひだか町）	軽種馬牧場の見学を受け付ける施設	新ひだか町静内庁舎まちづくり推進課 0146-49-0294
	上川	世界のめん羊館（士別市）	世界各国の珍しい羊を展示	直接 0165-23-1582
		北国博物館（名寄市）	開拓当時の生活や農業の歴史を北国にこだわって展示	直接 01654-3-2575
		拓真館（美瑛町）	写真家の前田真三氏が開設した農村景観写真館	直接 0166-92-3355
		土の館（上富良野町）	世界のプラウと土の博物館。2014 年機械遺産認定	直接 0167-45-3055
		花人の舎（中富良野町）	ラベンダー資料館	㈲ファーム富田 0167-39-3939
	オホーツク	北見ハッカ記念館（北見市）	昭和初期のハッカ工場で使用された機材や文献を展示	直接 0157-23-6200
		ふるさと館 JRY（湧別町）	屯田兵によってつくられた町の農業の歴史を展示	直接 01586-2-3000
		ひがしもこと乳酪館（大空町）	ガラス張り通路からチーズの製造工程をゆっくり見学、バターやアイスクリームづくり体験	直接 0152-66-3953
	十勝	馬の資料館（帯広市）	十勝の開拓に活躍した馬に関する歴史資料館	帯広市観光課 0155-65-4169
		日本甜菜製糖㈱ ビート資料館（帯広市）	てん菜製糖業の歴史資料館	直接 0155-48-8812
		帯広百年記念館（帯広市）	十勝の歴史、産業、自然に関する展示	直接 0155-24-5352

種類	振興局	施設名	内 容	連絡先
農業関連資料展示施設	十勝	とかち農機具歴史館（帯広市）	帯広や十勝農業の発展を支えた農機具およそ150点を展示	帯広市農政課 0155-59-2323
		士幌農協記念館（士幌町）	士幌農業の歴史や農協の各種事業を展示	直接 01564-5-3511
		豆資料館「ビーンズ邸」（中札内村）	遊び感覚で豆の知識を得られる施設	直接 0155-68-3390
		郷土資料室および分室（音更町）	音更の歴史や自然に関する資料を収集、展示しており自由に縦覧できる施設	教育委員会生涯学習課 0155-42-2111
	釧路	神馬事記念館（釧路市）	釧路馬産の歴史資料館（事前申し込み必要）	釧路市農林課 0154-23-5151
		ふるさと情報館「みなくる」（鶴居村）	基幹産業である酪農の歴史や牧場模型、「北海道の簡易軌道（鶴居簡易軌道）」などがある郷土資料館	直接 0154-64-2200
		太田屯田開拓記念館（厚岸町）	屯田兵によってつくられた地区の農業の歴史を展示	直接 0153-52-3599
都市と農村の交流施設	空知	毛陽交流センター（岩見沢市）	加工体験施設、農産物直売所を備えた都市農村体験施設	直接 0126-47-3175
		岩見沢市栗沢クラインガルテン（岩見沢市）	道内初の滞在型市民農園、日帰り型市民農園、体験農園、学習田、農産加工などの体験公園	直接 0126-34-2150
		サンファーム三笠（三笠市）	道の駅。農産加工が行える農業体験施設	直接 01267-2-5775
		アップルガーデン（砂川市）	古材を活用した木造倉庫、農作業体験、農産物販売、各種イベント	直接 0125-54-2036
		アグリ工房まあぶ（深川市）	「農を学び、遊ぶ」をコンセプトに創設された都市農村体験施設	直接 0164-26-3333
		ゆにガーデン（由仁町）	300種類を超す日本最大のハーブ庭園	直接 0123-82-2001
		ローズガーデンちっぷべつ（秩父別町）	約3,000本のバラなど、各種の花がある交流型野外レクリエーション施設	直接 0164-33-3375
	石狩	サッポロさとらんど（札幌市）	「都市と農業の共存」をテーマとした農業体験交流施設	直接 011-787-0223
		ミルクの郷（札幌市）	サツラク農協の牛乳工場と体験施設	直接 011-785-7800
		ホクレン食と農のふれあいファーム「くるるの杜」（北広島市）	農作業から収穫物の加工、調理までを一度に体験できる複合型農業体験施設	直接 011-377-8700
	後志	おたる自然の村（小樽市）	自然体験と農業理解をテーマとした研修宿泊施設	直接 0134-25-1701
		蘭越町「街の茶屋」（蘭越町）	蘭越米を使用した握りたてのおにぎりや釜飯を販売	直接 0136-57-5239
		レストラン「マッカリーナ」（真狩村）	地域農業の情報発信の核となる料理研修兼食材提供施設	真狩村 0136-45-2121
	胆振	㈱のぼりべつ酪農館（登別市）	廃校になった小中学校を活用したバターやアイスの加工体験施設	直接 0143-85-3184
		壮瞥情報館ｉ（アイ）（壮瞥町）	道の駅。地元産の果物、野菜などの直販、観光農園施設	直接 0142-66-3600
		こぶしの湯あつま（厚真町）	アイスクリームづくりなど、体験できる加工実習室を備えた都市農村交流施設	直接 0145-26-7126
		洞爺湖町農業研修センター「アグリ館・とれた」（洞爺湖町）	市民農園、農産物直売所を併設した農業研修センター	直接 0142-89-3000
	日高	アラビアンホースプランテーション（日高町）	純血アラブ馬で外乗り専門の乗馬が楽しめる	直接 01457-6-2182
		OK Ranch（日高町）	初心者向けの体験乗馬や海を見ながらのホーストレッキングコースがある	直接 01456-2-1347
		北のうまや（日高町）	初心者向けの体験乗馬や山の中でのホーストレッキングを楽しめる	直接 080-3170-9456
		おひさま牧場（日高町）	ミニチュアホースとのふれあい牧場	直接 080-1836-4019
		遊馬らんどグラスホッパー北海道新冠（新冠町）	小さな子どもから大人まで、乗馬体験が楽しめる	直接 0146-49-5511
		にいかっぷホロシリ乗馬クラブ（新冠町）	太平洋を望む丘の上で乗馬体験、ホーストレッキングが楽しめる	直接 0146-47-3351
		浦河町乗馬公園（浦河町）	体験乗馬からレッスン主体の乗馬まで楽しめる	直接 0146-28-1304
		うらかわ優駿ビレッジ「AERU」（浦河町）	馬に初めて触れる初心者から、上級者まで楽しめるホーストレッキングコース	直接 0146-28-2111
		短角王国 高橋牧場（えりも町）	えりも産和牛との触れ合い（牛見学や給餌体験）、肉直売、交流施設「守人（まぶりっと）」	直接 01466-3-1129
		MKRanch（新ひだか町）	さまざまな品種の馬とのコミュニケーションに特化した施設	直接 0146-34-2711
		ライディングヒルズ静内（新ひだか町）	馬との触れ合いや体験乗馬を通しての情操教育をはじめ、健康づくりや後継者育成	直接 0146-42-1131
	渡	八雲町活性化施設ファームメイド遊楽部1号館（八雲町）	アイスクリーム、バター、ソーセージづくりなどの体験（要予約）	八雲町農林課 0137-62-2203
	上川	そばの里江丹別（旭川市）	そば打ち体験（要予約）	直接 0166-73-2117
		江丹別若者の郷（旭川市）	宿泊研修施設、ロッジ、市民農園、キャンプ場など	直接 0166-73-2409
		めん羊工芸館「くるるん」（士別市）	羊毛（フェルト）を使った加工体験	直接 0165-23-3793
		農畜産物加工体験交流工房「の～む」（士別市）	農畜産物の加工体験	直接 0165-22-1114
		ふれあい館ラヴニール（美瑛町）	地元農産物の加工体験を楽しみながら、交流もできる宿泊施設	ホテル・ラヴニール 0166-92-5555
		北瑛小麦の丘体験交流施設（美瑛町）	農業、食、観光をテーマとした体験交流施設	直接 0166-92-8100
		フラワーランドかみふらの（上富良野町）	アイリス、ラベンダー、ポピーなどの花園	直接 0167-45-9480
		農産物処理加工施設（中富良野町）	パン、豆腐、みそ、アイスクリームなどの加工体験（要予約）	直接 0167-44-2123
		双民館（占冠村）	豆腐、アイスクリーム、ソーセージ加工体験（要予約）	直接 0167-56-2121
		下川町農村活性化センター「おうる」（下川町）	そば打ち、アイスクリーム、燻製、みそづくり加工（要予約）	直接 01655-4-2401
		ふれあいの家まどか（幌加内町）	調理、木工体験施設やレクリエーション室を備えた宿泊体験施設	直接 0165-38-2266
	留	都市農村交流施設「ゆうゆうそう（夕遊創）」（小平町）	農林漁業体験、農水産物加工体験が行える宿泊研修施設	直接 0164-56-2380
	宗谷	沼川みのり公園（稚内市）	市民農園、収穫体験農園、畜産物加工実習	直接 0162-74-2077
		アグリパーク「食彩工房もうもう」（中頓別町）	個人、グループ問わず農産物加工体験、研究ができる	直接 01634-6-2211
		湯の杜ぽっけ（豊富町）	地場産品販売や農産加工室利用など都市農山村交流施設	直接 0162-73-6850
	オホーツク	北見市端野町農業振興センター（北見市）	パン、みそ、豆腐、漬物などの加工実習	直接 0157-67-6020
		北見田空間情報センター「にっころ」（北見市）	パンやみそ電の加工実習	直接 0157-33-2877
		網走市食品加工体験センター「みんぐる」（網走市）	農畜産物の加工体験	直接 0152-48-3210
		紋別市食品加工センター「うまいっしょ工房」（紋別市）	農畜産物の加工実習	直接 0158-23-7551
		農林漁業体験実習館 グリーンビレッジ美幌（美幌町）	農業体験や農畜産物の加工を楽しみながら、都市と農村の交流を図る宿泊研修施設	直接 0152-72-1994
		あいおい物産館（津別町）	地場産品の加工や販売のほか、地元農産物の加工体験	直接 0152-75-9101
		アグリハートセンター（小清水町）	食品の製造や開発研究の施設のほか、農業研修や体験ツアーの宿泊室	直接 0152-67-5716
		訓子府町農業交流センター（訓子府町）	パン、豆腐、アイスクリームなどの加工体験	直接 0157-47-2241
		香りの里ハーブガーデン（滝上町）	約300種類のハーブを利用したリースや石けんづくり体験ができる観光施設を含む公園	滝上町 0158-29-2111
		滝上町農産品加工研究センター（滝上町）	農畜産物の加工体験	滝上町 0158-29-2111
		メルヘンカルチャーセンター（大空町）	農畜産物の加工実習や地場特産品の製造・販売	直接 0152-75-6160
	十勝	紫竹ガーデン・遊華（帯広市）	田園地方に広がる広大な観光ガーデン	直接 0155-60-2377（夏期のみ）
		帯広市都市農村交流センター「サラダ館」（帯広市）	都市と農村の交流施設（貸し付け農園、レストラン）	直接 0155-36-8095
		帯広市畜産研修センター（帯広市）	羊毛加工、宿泊ができる施設	直接 0155-60-2919
		音更町ふれあい交流館すずらんど（音更町）	農畜産物の加工実習、食育や地産地消の発信	直接 0155-42-6600
		鹿追町ライディングパーク（鹿追町）	乗馬教室、ホーストレッキングも開催	直接 0156-67-2345
		新得そばの館（新得町）	新得そばの手打ち体験道場、そばレストラン、特産品販売、そばソフトクリーム（期間限定）	直接 0156-64-5888
		トムラウシ自然体験交流施設（新得町）	滝巡りなどのイベントでの自然体験	直接 0156-65-2000
		幕別ふるさと味覚工房（幕別町）	地場農産物を素材に手づくり製品をつくる	直接 0155-57-2001
	釧路	釧路市ふれあいホースパーク（釧路市）	馬に親しむ乗馬体験	直接 0154-56-2566
		釧路市農村都市交流センター（釧路市）	農畜産物の加工体験や薬膳料理の提供	直接 0154-56-2233
		釧路市音別町体験学習センター「こころみ」（釧路市音別町）	アイスクリーム、ソーセージづくりができる加工施設を備えた体験学習施設	直接 01547-6-9000
		尾幌酪農ふれあい広場（厚岸町）	地場の農産物の加工実習体験施設	直接 0153-56-2400
		MO-TTO かぜて（浜中町）	地場産の農産物および水産物を活用した加工実習施設	直接 0153-64-3000
		川湯ふるさと館（弟子屈町）	バター、チーズ、アイスクリームなどの加工体験施設	直接 015-483-2060
		鶴居村農畜産物加工施設「酪楽館」（鶴居村）	鶴居産の新鮮な生乳を使用した、チーズやアイスクリームなどの加工施設	直接 0154-64-3088

種類	振興局	施設名	内　容	連絡先
都市と農村の交流施設	釧	鶴居どさんこ牧場（鶴居村）	どさんこに乗って釧路湿原国立公園を巡るトレッキング、10haの牧場を眺めながら食事も。宿泊施設を完備	直接 0154-64-2931
	根室	農業・農村交流館（根室市）	地域の情報を発信するキャンプ場	（代表宅）0153-26-2798
		根室フットパス（根室市）	酪農家集団による広大な酪農地帯を散策できる約40kmの散策道	（代表宅）0153-26-2798
		別海町農漁村加工体験施設（別海町）	パン、ベーコン、ソーセージなどの加工体験	㈱べつかい乳業興社 0153-75-2160
		別海町酪農工場乳加工体験施設（別海町）	アイスクリームやチーズなど、乳製品の加工体験	㈱べつかい乳業興社 0153-75-2160
		農業農村交流施設「クレエ」（中標津町）	地場農畜産物や観光施設などの総合案内、消費者や学童を対象とした加工体験施設	JA中標津 0153-72-3275
		中標津町畜産食品加工研修センター（中標津町）	乳および肉加工研修	直接 0153-78-2216
農業者グループによる直売・加工	空知	上志文ふれあいの郷（岩見沢市）	米、野菜、花卉の販売	直接 0126-44-2535
		茂世丑野菜直売所生産組合（岩見沢市）	地物米、野菜などの販売	直接 0126-45-3121
		がんばり村ファーム（三笠市）	各種農産物の販売	直接 01267-3-1555
		道の駅みかさ農家の店（三笠市）	各種農産物の販売	直接 01267-2-3901
		郷里の味なかむらえぷろん倶楽部（美唄市）	地区の伝統料理を農家の主婦が商品化、近隣のAコープで販売	直接 0126-69-2562
		つむぎ屋（美唄市）	乾燥野菜の製造所	（代表宅）0126-62-2055
		アンテナショップPipa（美唄市）	地元特産品や各種農産物の販売	直接 0126-62-4343
		総合交流ターミナルたきかわ（滝川市）	地元の新鮮な農産物および特産品の販売、食事の提供	直接 0125-26-5500
		JAたきかわ 菜の花館（滝川市）	地元の新鮮野菜の直売所および菜種の搾油施設	直接 0125-74-5510
		ティ・エスフードシステム直売所（歌志内市）	地元でつくられた葉野菜の直売	直接 0125-74-6065
		SUN工房あぜみち（妹背牛町）	野菜のほか、パン、豆腐、大福、トマトジュースなどの加工品の販売	JA北いぶき 0164-32-4201（内線1）
		JAきたそらち農畜産物直売所・ecir（深川市）	農畜産物などの販売	直接 0164-25-1616
		JAきたそらち精米施設（深川市）	精米施設見学	直接 0164-26-2610
		味わい手作り工房「土梨夢」（奈井江町）	ちひろ餅、クッキー、トマトジュースの製造販売	直接 0125-65-4727
		とどけよう倶楽部 ゆめや（浦臼町）	100品を超える野菜、花き、加工品、手芸品などの直売	直接 080-3230-6028
		マオイの丘公園農産物直売所（長沼町）	道の駅「マオイの丘公園」内にある複数大型農産物直売所	道の駅 0123-84-2120
		夢きらら（長沼町）	50種類以上の農産物が並ぶ直売所、ソフトクリーム販売	直接 0123-89-2026
		未楽瑠加工施設（長沼町）	みそ、漬物の加工販売	直接 0123-89-2026
		北長沼水郷公園 農産物直売所（長沼町）	野菜、ソフトクリーム、みそ、漬物、こうじなどの直売	直接 0123-89-2181
		西長沼ポケットパーク直売所（長沼町）	野菜、漬物の直売所	直接 0123-88-2235
		ゆめの郷加工施設（長沼町）	みそ、漬物、こうじの販売加工	直接 0123-88-2320
		値ごろ市（栗山町）	町内約60戸の農業者による野菜の直売	直接 0123-72-2977
		なんぽろみどり会直売所（南幌町）	野菜、漬物、ジャムなどの直売	直接 090-7055-5693
		北竜町農畜産物直売所 みのりっち北竜（北竜町）	農畜産物などの販売	直接 0164-34-2455
	石狩	しろいしとれたてっこ生産者直売所（札幌市）	地元の篠路で生産された農産物を中心に新鮮な野菜を販売	直接 011-771-2130
		とれたてっこ南生産者直売所（札幌市）	農畜産物のほか、山菜、花苗、加工品、近隣果樹園の旬のフルーツをふんだんに出品、販売	直接 011-592-6141
		のっぽろ野菜直売所（江別市）	約170戸の農家が50種類以上の新鮮野菜などを販売（「ゆめちからテラス」内）	直接 011-382-8319
		江別河川防災ステーション農産物直売所（江別市）	江別河川防災ステーションに隣接する直売所	直接 011-381-1700
		野菜の駅 ふれあいファームしのつ（江別市）	江別市篠津地区にあった2つの直売所が合併して平成29年に誕生。農業者が運営する直売所	直接 011-389-6626
		かのな（花野菜）（恵庭市）	道の駅「花ロードえにわ」に隣接し、花苗などが豊富	直接 0123-36-2700
		北広島農産物直売所（北広島市）	JA道央北広島支所隣接地にて新鮮野菜を販売	直接 011-372-3078
		JAいしかり地物市場とれのさと（石狩市）	朝取り新鮮野菜、海産物、畜産物、加工品、花苗の販売、飲食併設。災害時対応ファーマーズマーケット	直接 0133-75-4500
		JA北いしかり農産物直売所「はなポッケ 上当別店」（当別町）	野菜、果物、花、米、豚肉、加工品の直売所	直接 0133-26-3484
		北欧の風 道の駅とうべつ農産物直売所「はなポッケ 道の駅店」（当別町）	野菜、果物、花、米、豚肉、加工品の直売所	直接 0133-27-5263
		しんしのつ産直市場（新篠津村）	道の駅内で、新鮮野菜、花、加工品のほか数量限定の弁当やスイーツを販売	直接 0126-35-4020
	後志	おたる自然の村市民体験農園直売所（小樽市）	市民体験農園を運営する農業者が野菜などを販売する直売所	若林省吾（会長）0134-26-1571
		忍路水車の会水車プラザ（小樽市）	忍路水車の会に所属する農業者が運営する直売所	塚本秀雄（副会長）080-6095-2439
		トワ・ヴェールⅡ（黒松内町）	農家直売のほか、黒松内町で生産された加工品の販売	直接 0136-71-2222
		ふるさとの丘直売センター（蘭越町）	旬の野菜やアイスクリームを製造販売する農家の直売施設	直接 0136-55-3251
		ニセコビュープラザ農産物直売コーナー（ニセコ町）	道の駅に開設された農家の直売施設	ニセコ町 0136-44-2121
		くっちゃんマルシェ「ゆきだるま」（倶知安町）	地元の新鮮な野菜や菓子を販売	直接 0136-55-5554
		道の駅あかいがわ農産物直売所（赤井川村）	道の駅あかいがわに隣接し、村内の農産物・加工品を販売	直接 0135-34-6699
	胆振	道の駅・とうや湖（洞爺湖町）	道の駅。農水産物や加工品など町内の特産品を直売	道の駅 0142-87-2200
		道の駅あびらD51ステーション農産物直売所「ベジステ」（安平町）	地元の農畜産物や加工品を直売	道の駅 0145-29-7751
		ファーム453（伊達市）	地元特産物の直売	直接 0142-68-6529
		だて歴史の杜　伊達市観光物産館（伊達市）	道の駅。農水産物や地元の特産品を直売	直接 0142-25-5567
		水の駅直売所（洞爺湖町）	商品はメロン、ピーマン、トマト、スイートコーン、かぼちゃなどの野菜	直接 0142-89-3108
		地場特産品直売センター「あぷた」（洞爺湖町）	道の駅。農水産物や加工品など町内の特産品を直売	直接 0142-76-5501
		安平町農産物加工研究センター（安平町）	地元農産物による加工品研究施設	安平町 0145-22-2515
		ぽぷんた市場（むかわ町）	地元特産物の販売	ぽぷんた市場運営管理組合 0145-42-2133
	日高	ショップ＆コミュニティスペース「さるくる」（日高町）	地元農産物、特産品の直売所	直接 090-2069-6217
		ナンモダ百貨店新冠本店（新冠町）	地元農産物、特産品の直売所	直接 050-1157-9776
		畑のうた農産物直売所（浦河町）	新鮮な野菜の直売	直接 0146-26-7771
		野菜直売所　カシュカシュ（浦河町）	地元農産物の直売	直接 0146-22-4933
		かんとりーママ 木よう市（新ひだか町）	農家による地元農産物の直売	直接 0146-46-2762
		直売店 みな○（まる）（新ひだか町）	地元農産物の直売	直接 090-2076-2733
		花き・野菜直売所「春那」（新ひだか町）	地元農産物の直売	直接 090-8277-1339
		三石直売所「菜花」（新ひだか町）	三石の新鮮な取りたて野菜や花などの直売	直接 0146-37-6116
	渡島	函館牛乳あいす118（函館市）	㈱函館酪農公社直営で、牛乳、アイスクリーム、ソフトクリーム、乳製品などの販売	直接 0138-58-4460
		六輪村（北斗市）	常時20品目以上の新鮮な季節の野菜、トマトジュース、みそなどの販売	直接 0138-73-6998
		ファーマーズマーケットあぐりへい屋（北斗市）	「見る、知る、選ぶ、味わう」体験型直売所。道南の野菜や加工品をそろえ、消費者と生産者が交流	JA新はこだて北斗営農センター 0138-77-7772
		おぐにビーフ㈱（北斗市）	肥育から販売まで一貫して行う農場。ステーキ、すき焼き、焼肉用やハンバーグなども販売	直接 0138-77-7615
		木古里路（木古内町）	新鮮な季節の野菜、大福餅、みそなどの販売	JA新はこだて知内営農センター 01397-5-5224
		道の駅なないろ・ななえ（七飯町）	西洋式農法発祥の地として農産物などの販売	直接 0138-86-5195
		川瀬チーズ工房（長万部町）	チーズ、ジェラートの製造や販売	直接 01377-6-7280
	檜	うまいべいこだわり工房（今金町）	しそジュース、黒豆ジュース、米の販売	直接 0137-82-1770
	上川	屯田の里（稲穂の会）（旭川市）	漬物、みそ、豆腐、しょうゆの製造や販売	直接 0166-48-8681
		旭正2生活改善グループ（未ちゃん家）（旭川市）	漬物、みそ、きな粉、こうじの製造や販売	直接 0166-32-3602
		ファーマーズマーケット ひびきあい（士別市）	農産物、農産加工品の直売	JA北ひびき 0165-23-2115
		カントリー・ママ・クラブ（名寄市）	にんじんピクルス、もち米こうじの手づくりみそを販売	斉藤美知 01654-2-4105

種類	振興局	施設名	内 容	連絡先
農業者グループによる直売・加工	上川	㈱もち米の里ふうれん特産館（名寄市）	もち米生産農家による餅の販売	直接 01655-3-2332
		ふらのジャム園共済農場（富良野市）	ジャムづくり	直接 0167-29-2233
		㈲協和農産　協和の里のもち工房　愛くふくふく（愛別町）	あん餅（白、豆、発芽玄米、よもぎなど）、しゃぶしゃぶ餅、切り餅など餅製品の製造販売	直接 01658-6-6980
		美瑛町置杵牛農産物加工交流施設（美瑛町）	豆類、果樹、野菜など農産物の加工品の製造	JA びえい販売部 0166-92-1258
	留萌	留々来（留萌市）	農産物直売、農産加工品の販売	JA るもいA コープルビナス 0164-42-2104
		農林水産物直売所「北極星」（初山別村）	日本海の眺望が抜群でユニークな外観	直接 0164-67-2234
	十勝	（農事）共働学舎新得農場（新得町）	ナチュラルチーズの販売、手づくりバター体験、チーズづくり体験	直接 0156-69-5600
		めむろファーマーズマーケット　あいす屋（芽室町）	アイスクリーム、ヨーグルトの製造販売	直接 0155-62-5319
		本別まめ工房（本別町）	地場産豆類を利用した豆腐、みそ、ようかんの加工販売	JA 本別町 0156-22-3111
	釧路	この町を愛する家モ〜ちゃん（釧路市音別町）	地場産牛乳を使用した手づくりアイスクリーム、ソフトクリーム	直接 01547-6-3007
		生きがい菜倶楽部直売所（鶴居村）	地場産新鮮野菜の直売	八木沢祐二 0154-64-2715（代表）
企業などによる農畜産物加工施設	空知	佐藤食品工業㈱（岩見沢市）	きらら397の無菌パック「サトウのごはん」製造販売	直接 0126-23-4387
		JA いわみざわ玉葱堆肥製造施設（岩見沢市）	腐敗たまねぎともみ殻の堆肥化および販売	直接 0126-24-1281
		美唄農産物高度利用研究所（美唄市）	ハスカップなどの加工と開発	直接 0126-62-2711
		㈲岩瀬牧場（砂川市）	酪農家による牛乳、手づくりアイスクリームの製造販売	直接 0125-53-5071
		南幌町農産加工センター　ぽけっとハウスなんぽろ（南幌町）	特産物のキャベツなどを使用したキムチの製造や販売	直接 011-378-2352
		コーミ北のほたるファクトリー㈱（沼田町）	トマトジュース、トマトケチャップなどの製造	直接 0164-35-1206
	石狩	八剣山ワイナリー（札幌市）	約30品種の醸造用ブドウを生産。ジュースやジャムなども販売	直接 011-596-3981
		㈱Jファーム札幌工場（札幌市）	温室型植物工場で高度栽培環境制御システムにより高糖度ミニトマトを生産。ジュースなども販売	直接 011-768-8655
		㈱アド・ワン・ファーム丘珠工場（札幌市）	養液栽培でベビーリーフなどの野菜を栽培し、生産から流通販売までを実施	直接 011-374-8655
		千歳ワイナリー（千歳市）	管内のハスカップ果実を使ったフルーツワイン、道内のぶどうを使ったワインの製造販売	直接 0123-27-2460
	後志	特産物手づくり加工センター（黒松内町）	手づくり加工肉、乳製品の製造販売	直接 0136-72-4416
		ニセコフロマージュ（ニセコ町）	ストリングチーズを中心とした乳製品工場	直接 0136-44-3471
		ニセコチーズ工房㈲（ニセコ町）	ストリングチーズ、ゴーダチーズの乳製品工場	直接 0136-44-2188
		ニセコ高橋牧場　「ミルク工房」（ニセコ町）	地元産のミルクを使用したアイスクリーム、ヨーグルト、菓子の製造や販売	直接 0136-44-3734
		真狩フラワーセンター（真狩村）	ユリを中心とした花の集出荷、販売	直接 0136-48-2007
		クレイル㈱（共和町）	カマンベールチーズを中心とした乳製品工場	直接 0135-62-7457
		りんご処理加工施設（余市町）	りんごジュース「りんごのほっぺ」製造	JA よいち 0135-23-3121
		寿都町農業振興ハウス（寿都町）	縦型水耕栽培によるバジル栽培	寿都町 0136-62-2602
	胆振	㈱のぼりべつ酪農館（登別市）	牛乳、アイスクリーム、プリン、チーズ、ソーセージの製造	直接 0143-85-3184
		プライフーズ㈱伊達工場（伊達市）	年間900万羽を処理する工場。ひなの育成から加工処理までを一貫製造を行う	直接 0142-24-2211
	日高	北海道日高乳業㈱（日高町）	国内初の本格生産をした「モッツァレラチーズ」の他、バター、乳飲料などの製造	直接 01456-2-1071
		チーズ工房1103（日高町）	豊かな自然に囲まれた倶里夢牧場の新鮮な生乳でチーズを製造	直接 050-1091-4099
	渡島	カール・レイモン函館㈱（函館市）	地元の原材料を使用した本格的なハム、ソーセージ製造	直接 0138-55-4596
		山川牧場ミルクプラント（七飯町）	アイスクリーム、ヨーグルト、チーズの製造、販売	直接 0138-67-2114
		箱館醸蔵（七飯町）	地域の水や米にこだわった日本酒「郷宝」ブランドの蔵元	直接 0138-65-5599
	檜山	札幌酒精㈱　厚沢部工場（厚沢部町）	さつまいもなどを使った焼酎の製造	直接 0139-65-2500
		㈱奥尻ワイナリー製造工場（奥尻町）	奥尻島で育ったブドウで果実酒の製造	直接 01397-3-3290
		上ノ国ワイナリー（上ノ国町）	サテライトオフィスを併設したワインの製造施設	直接 0139-56-1260
	上川	㈲コントラクター旭川（旭川市）	大規模米粉製粉施設	直接 0166-34-4757
		ふらのピッツァ工房（富良野市）	ふらのチーズを使用したピザの製造販売	㈱ふらの農産公社 0167-23-1156
		ふらのアイスミルク工房（富良野市）	富良野産素材によるアイスミルクの製造販売	㈱ふらの農産公社 0167-23-1156
		ふらのチーズ工房（富良野市）	チーズの製造、製造工程の見学	㈱ふらの農産公社 0167-23-1156
		ふらの手作り体験工房（富良野市）	バター、パン、チーズ、アイスクリームづくり体験	㈱ふらの農産公社 0167-23-1156
		ワイン工場（富良野市）	ぶどう果樹研究所、ワインづくりの工程見学	直接 0167-22-3242
		㈱鷹栖町農業振興公社（鷹栖町）	トマトジュースの製造販売	直接 0166-87-2938
		農産物処理加工施設（東神楽町）	冷凍野菜、トンネルフリーザー、冷凍庫	JA ひがしかぐら 0166-83-2321
		南富良野町農産物処理加工センター（南富良野町）	馬鈴しょ、かぼちゃ、スイートコーン、くまささ茶などの加工製造施設	㈱南富良野町振興公社 0167-52-3012
		㈱美瑛ファーム　美瑛放牧酪農場（美瑛町）	通年放牧の飼育環境を整備、隣接プラントでチーズなどの乳製品を加工し併設カフェで提供	直接 0166-68-6777
		㈱DomaineReison（中富良野町）	大自然にたたずむワイナリー。ブドウ畑で飼養するヤギミルクのソフトクリームなどカフェで提供	直接 0167-44-3035
	留萌	風土工房 こさえ〜る（留萌市）	みそ、豆腐、パンづくり、そば打ちなどの体験	直接 0164-43-4556
		国稀酒造（増毛町）	地元産米を使用した日本酒醸造施設	直接 0164-53-1050
		増毛フルーツワイナリー（増毛町）	増毛産果物を使用したシードルなどの製造施設	直接 0164-53-1668
		てしおキムチ工房（天塩町）	各種キムチの製造販売	直接 01632-2-3377
		べこちちファクトリー（天塩町）	自家生乳を使用したチーズ、ソフトクリーム、牛乳の製造販売	直接 01362-4-3553
		㈱宇野牧場（天塩町）	自家生乳を使用したスイーツなどを製造販売。牧場カフェも経営	直接 01632-2-3218
	宗谷	稚内牛乳（稚内市）	地場産生乳を使用した牛乳、飲むヨーグルト、ソフトクリームなど販売	直接 0162-34-6200
		牛乳と肉の館（猿払村）	第3セクター方式による乳製品加工販売施設	直接 01635-2-3288
		アイスクリームとチーズ工房「レティエ」（豊富町）	酪農家による手づくりチーズ、アイスクリームの製造販売	直接 0162-82-1300
		㈱豊富牛乳公社（豊富町）	日本の最北部にあるパック入り牛乳の生産工場	直接 0162-82-2576
		ferme 〜ミルクカフェ＆雑貨　フェルム〜（豊富町）	地場産牛乳のソフトクリームと自家製で無農薬野菜のスムージーなどを販売	直接 0162-73-0808
	オホーツク	㈱グリーンズ北見（北見市）	第3セクター方式によるたまねぎ加工品を中心にオニオンスープなどを製造する食品加工施設	直接 0157-36-3611
		清里焼酎醸造所（清里町）	きよさと情報交流施設に隣接したじゃがいも焼酎製造施設	直接 0152-25-2227
		若里ジャージーミルク工房 ARVO（佐呂間町）	地元産生乳を使用した乳製品の製造販売	直接 080-4504-9740
		ノルディックファーム（遠軽町）	20種類以上のジェラートアイスクリーム	直接 0120-369-557
		ノースプレインファーム（興部町）	自家産生乳を使用した乳製品の製造販売	直接 0158-88-2000
		㈲冨田ファーム（興部町）	自家産生乳、乳製品の製造販売、ファームイン、搾乳など各種体験（休止中）	直接 0158-82-2603
		㈲パインランドデーリィ（興部町）	自家産生乳を使用した乳製品の製造販売	直接 0158-82-2033
		㈲アドナイ（興部町）	地元産生乳を使用した乳製品の製造販売	直接 0158-82-2133
	十勝	よつ葉乳業㈱　十勝主管工場（音更町）	牛乳や乳製品の製造、生乳処理量全道一	直接 0155-42-2121
		十勝☆夢 mill（音更町）	小麦生産者と全量直接契約を結んでいる、十勝初のロール式小麦粉製粉工場	㈱山本忠信商店 0155-31-1168
		十勝品質事業協同組合　ナチュラルチーズ共同熟成庫（音更町）	モール温泉水を利用したラクレットチーズの製造	直接 0155-67-6080
		十勝川温泉旅館協同組合　道の駅ガーデンスパ十勝川温泉（音更町）	音更大豆を使用した食品加工体験（休止中）	直接 0155-46-2447
		士幌町農協　澱粉工場（士幌町）	大規模でん粉工場	直接 01564-5-2313
		㈲十勝しんむら牧場（上士幌町）	ミルクジャム、放牧牛乳などの製造販売	直接 01564-2-3923
		Dream Dolce（ドリームドルチェ）（上士幌町）	自家生産の生乳を加工したアイスクリームの製造や販売	直接 01564-9-2277
		㈲MC コーポレーション鹿追チーズ工房（鹿追町）	チーズやソフトクリームの製造販売	直接 0156-67-2537

種類	振興局	施設名	内　容	連絡先
企業などによる農畜産物加工施設	十勝	カントリーホーム風景（鹿追町）	ヨーグルト、アイスクリームなどの製造販売	直接 0156-67-2382
		ホクレン清水製糖工場（清水町）	てん菜製糖工場	直接 0156-62-2105
		十勝千年の森㈲ ランラン・ファーム（清水町）	ヤギ乳チーズなどの製造販売	直接 0156-63-3000
		㈲あすなろファーミング（清水町）	低温殺菌牛乳、ヨーグルトなどの製造販売	直接 0156-62-2277
		清水町農協 農産物加工施設（清水町）	にんにくなどの加工	直接 0156-63-2525
		日本甜菜製糖㈱ 芽室製糖所（芽室町）	てん菜製糖量東洋一の工場	直接 0155-62-3111
		明治なるほどファクトリー十勝（芽室町）	チーズ館併設。ナチュラルチーズ、クリームなどの製造	直接 0155-61-3710
		南十勝農産加工農業協同組合連合会（中札内村）	東洋一の1万t容量を誇るでん粉貯蔵施設を有する	直接 0155-67-2126
		㈱十勝野フロマージュ（中札内村）	チーズ、アイスクリームの製造販売	直接 0155-63-5070
		㈱花畑牧場（中札内村）	チーズ、菓子の製造販売	直接 0120-929-187
		㈱岡本農園（中札内村）	トマトゼリーなどの製造販売、野菜などの農産物の販売	直接 0155-68-3206
		雪印メグミルク㈱ 大樹工場（大樹町）	さけるチーズ、カマンベールチーズの製造	直接 01558-6-2121
		㈱半田ファーム（大樹町）	チーズ、牛乳などの製造販売	直接 01558-6-3182
		ZENKYU FARM（広尾町）	チーズ、放牧牛乳などの製造販売	直接 01558-5-2158
		㈲ NEEDS（幕別町）	チーズの製造販売、チーズづくり体験	直接 0155-57-2511
		ミルキーハウス㈲ メニーフィールド ディリーファーム（幕別町）	チーズの製造販売	直接 01558-8-2973
		池田町ブドウ・ブドウ酒研究所（池田町）	ワインなどの製造工程見学など	直接 015-572-2467
		㈲ハッピネスデーリィ（池田町）	アイスクリーム、チーズなどの製造販売	直接 015-572-2001
		㈲豆屋とかち 岡女堂本家（本別町）	十勝産の豆を原料とする甘納豆	直接 0156-22-5981
		㈱明治 本別工場（本別町）	牛乳、クリームなどの製造	直接 0156-22-3125
		（同）あしょろチーズ工房（足寄町）	畜産物処理加工施設でチーズの研究開発を行う	直接 0156-25-7002
		東部十勝農産加工農業協同組合連合会 東部十勝澱粉工場（浦幌町）	大規模でん粉工場	直接 015-576-2418
		北王農林㈱（幕別町）	農産物の販売、漬物などの農産加工品の製造販売、農福連携	直接 0155-56-5656
	釧路	雪印メグミルク㈱ 磯分内工場（標茶町）	「10gに切れてるバター」は、磯分内工場のみで生産	直接 015-486-2246
		㈱白糠酪恵舎（白糠町）	「食べた人が幸せな気持ちになれるチーズ」との強い思いを形にしたイタリアチーズの製造、販売	直接 01547-2-5818
	根室	㈱知床興農ファーム（標津町）	牛肉や豚肉の加工、食品加工販売	直接 0153-84-2358
		雪印メグミルク㈱ なかしべつ工場（中標津町）	ゴーダチーズの生産量日本一	直接 0153-72-3281
		ラ・レトリなかしべつ（中標津町）	手づくりヨーグルト、アイスクリームの製造販売	直接 0153-72-0777
		竹下牧場チーズ工房（中標津町）	モッツァレラ・マリボー・リコッタチーズの製造販売	直接 070-1579-1445
		みるふちゃん工房（中標津町）	みるふちゃん（牛乳豆腐）の製造販売	直接 090-3112-5362
		㈱シンクリッチ（中標津町）	北海道ゆきいちごの生産、加工、販売	直接 0153-79-3535
		㈱日翔（中標津町）	中標津産しいたけ「思いの茸」の生産販売	直接 0153-72-3226
その他	石狩	町村農場（江別市）	北海道酪農の歴史を築き、今も新しい時代の酪農にチャレンジ	直接 011-382-2155
		株式会社 kalm 角山（江別市）	自動搾乳ロボット、バイオガスプラント施設を有し、日本の酪農界初のJGAP（家畜・畜産物）認証取得	直接 011-378-6858
		㈱エア・ウォーター農園 千歳農場（千歳市）	7haの巨大ガラス室での野菜生産（トマト、ベビーリーフ、フリルレタスの水耕栽培）	直接 0123-49-2361
	後	蘭越町育苗施設（蘭越町）	大規模な共同育苗施設	蘭越町 0136-57-5111
	胆振	土壌診断施設（安平町）	土壌診断施設	JA とまこまい広域 0145-27-2271
		スマートアグリ生産プラント（苫小牧市）	栽培種（高糖度ミニトマト）に最適な環境を創出する植物工場	㈱ J ファーム 0144-84-1850
		安平町実践農場（安平町）	アサヒメロンブランド継承のための新規就農実践農場	安平町 0145-22-2515
		鵡川研修農場（通称「鵡農ファーム」）（むかわ町）	新規就農希望者がトマト、レタスなどの施設野菜の実践ができる研修農場	むかわ町地域担い手育成センター 0145-42-5588
	日高	門別競馬場（日高町）	馬産地にある国内唯一の競馬場	直接 01456-2-2501
		サラブレッド銀座（新冠町）	西洋的な厩舎（きゅうしゃ）が建ち並ぶ牧歌的農村景観	新冠町 0146-47-2111
		日本中央競馬会 日高育成牧場（浦河町）	総面積 1,500ha で東洋一の軽種馬育成、調教総合施設	直接 0146-28-1211
		日本軽種馬協会 北海道市場（新ひだか町）	東洋一の規模を誇る軽種馬のセリ市場（6～10月）	直接 0146-42-2090
	渡島	北斗市営牧場（北斗市）	大沼公園、函館山、大野平野が一望できる牧場	北斗市農林課 0138-77-8811
		松前藩屋敷（松前町）	歴史と伝統を生かした新しい地域産業の振興	松前町 0139-42-2275
		七飯町営城岱牧場（七飯町）	大野平野などを一望できる風光明媚（めいび）な牧場	七飯町農林水産課 0138-65-5793
		八雲町育成牧場（八雲町）	噴火湾、市街地を一望できる牧場	八雲町農林課 0137-62-2203
	檜	㈲厚沢部町農業振興公社（厚沢部町）	農作業の受託（町・農協による第3セクター）	直接 0139-65-6061
	上川	上野ファーム（旭川市）	4,000坪の北海道ガーデン、花苗販売、納屋を改造したカフェ	上野 0166-47-8741
		㈱谷口農場（旭川市）	トマトもぎ、トマトジュース、トマトゼリー、野菜ジュース、甘酒、米、とうもろこし、みそ製造販売	直接 0166-34-6699
		美瑛選果（美瑛町）	農産物直売、レストラン	直接 0166-92-4400
		美瑛町農業担い手研修センター（美瑛町）	新規就農者などの長期研修施設	美瑛町農業振興機構 0166-92-2855
		富良野広域連合 串内牧場（南富良野町）	富良野圏域1市3町1村で共同運営する公共牧場	直接 0167-52-2794
		大雪森のガーデン（上川町）	約700種の草花が植栽されたガーデン	直接 01658-2-4665
	宗谷	幌延町トナカイ観光牧場（幌延町）	国内でトナカイの群れに出会えるのはここだけ	直接 01632-5-2050
		㈱宗谷岬牧場（稚内市）	広大な草地を利用した酪農と肉用牛一貫生産の大規模牧場	直接 0162-76-2456
		豊富町大規模草地牧場（豊富町）	総面積 1,500ha を有する日本有数の公共育成牧場	豊富町振興公社 0162-82-3402
		枝幸町公共育成牧場（枝幸町）	牛舎施設に木材（地域材）を使用している公共育成牧場	直接 0163-67-5458
	オホーツク	クッカーたんの（北見市）	自家栽培の花をドライフラワーにして販売	直接 0157-56-2706
		BOSS.AGRI.WINERY（ボス・アグリ・ワイナリー）（北見市）	ブドウの作付けから醸造まで 100％北見産のワインを販売	直接 090-3396-4357
		Infeeld winery（インフィールド・ワイナリー）（北見市）	北見産のブドウを使用したワインを販売する、オホーツク初のワイナリー	直接 0157-57-2358
	十勝	上士幌町ナイタイ高原牧場（上士幌町）	面積 1,700ha の敷地に 2,000 頭超の育成牛を放牧する日本一広い公共牧場	直接（JA 上士幌町）01564-2-4025
		鹿追町ピュアモルトクラブハウス（鹿追町）	農業研修や実習を兼ねての滞在交流施設	直接 0156-69-7122
		新得町立レディースファームスクール（新得町）	女性専用の農業研修施設。1年間の長期研修から1カ月単位の短期研修も可能	新得町 0156-64-0525
		鹿追町環境保全センター（鹿追町）	資源循環型バイオガスプラント	直接 0156-66-4111
		鹿追町ワーキングセンター（鹿追町）	農畜水産物の加工研修および加工品の開発施設	直接 0156-66-2985
	釧路	赤いシャッポ（釧路市阿寒町）	地場産品の直売所	JA 阿寒 0154-66-2685
		㈲浜中町就農者研修牧場（浜中町）	新規就農者などの長期研修施設	JA 浜中町 0153-65-2141
		標茶町育成牧場「多和平」（標茶町）	視界 360 度、地平線の見える大牧場	直接 015-486-2747
		標茶町農業研修センター「しべちゃ農楽校」（標茶町）	農業の担い手確保と育成を図る施設	直接 015-488-5811
		弟子屈町営牧場「900草原」（弟子屈町）	720 度の大パノラマ	直接 015-482-5009
		ふるさと情報館「みなくる」（鶴居村）	酪農をメインに林業やタンチョウ、湿原などの情報を展示	直接 0154-64-2200
		鶴居どさんこ牧場（鶴居村）	馬で巡る大いなる自然、釧路湿原	直接 0154-64-2931
	根室	新酪農村（根室市、別海町）	公団事業による東洋一の大規模経営の酪農郷	根室振興局 0153-24-5714
		㈲別海町酪農研修牧場（別海町）	農外からの新規参入者のための研修施設	直接 0153-77-1050

明治時代以前

天正16年（1588年）	近江の人、建部七郎右衛門がそ菜種子を持ち松前に来る。〈畑作の起源〉
寛文 9 年（1669年）	粟づくりが行われる。
貞享 2 年（1685年）	渡島国文月村（現在の大野町字文月）で新田を試みる。〈稲作の起源〉
元禄10年（1697年）	東部大野村に新田を開く。
安永 8 年（1779年）	松前広長、出羽の農夫を使役して東部福島村に新田を開く。
天明元年（1781年）	凶作のため水田は絶望と断定される。
寛政10年（1798年）	最上徳内、蝦夷地出張の際、虻田付近に馬鈴しょを耕作させる。〈馬鈴しょの起源〉
文化 2 年（1805年）	虻田、有珠に牧場を開く。〈馬牧場の起源〉
安政 3 年（1856年）	箱館奉行所、幕府の命により箱館厚沢部に牛とともに豚を飼育する。〈豚飼育の起源〉
安政 4 年（1857年）	農具を北越地方から買い入れる。〈農具移入の初め〉米人ライス、奉行所に請い雌牛を得て搾乳を試みる。〈搾乳の起源〉
安政 5 年（1858年）	箱館奉行所、南部藩から牛50頭を購入、軍川付近に飼育させる。〈牛牧場の起源〉

明治時代

明治 2 年（1869年）	明治新政府は開拓使を東京に設置し、「蝦夷地」を「北海道」と改めて、出張所を函館に置く。北海道、奥羽大凶作。〈北海道農耕地815ha〉
明治 3 年（1870年）	黒田清隆、開拓使次官に任命される。
明治 4 年（1871年）	開拓使長官を札幌に置く。米国農務局長・ケプロンらを招へい。
明治 6 年（1873年）	札幌官園で陸稲を試作。バターを七飯試験場で試作、粉乳も製造を始める。〈バター、粉乳製造の起源〉中山久蔵、札幌郡島松で水稲の試作に成功。農畜産の技術指導に、エドウィン・ダンを米国から招へい。
明治 7 年（1874年）	「屯田兵例則」の制定。北海道で初めて乳牛を輸入。
明治 8 年（1875年）	第 1 回屯田兵199戸、琴似に移住する。
明治 9 年（1876年）	札幌農学校を設立し、米国よりクラーク博士を招へい。農業術生取扱例則を制定し学資を与えて農牧業を伝習。
明治10年（1877年）	開拓使札幌本庁、食糧自給対策として北海道産の穀物を常食とするよう奨励。札幌官園を札幌勧業試験場と改める。
明治11年（1878年）	第 1 回農業仮博覧会を10月に札幌で開催。
明治13年（1880年）	いなごの大群が十勝に発生。日高、胆振、石狩にまん延し、農作物大被害。
明治15年（1882年）	開拓使を廃し函館、札幌、根室の 3 県を置く。〈耕地 2 万ha、農家戸数 1 万5,000戸〉
明治16年（1883年）	依田勉三らの晩成社移民13戸、十勝帯広に入植。
明治18年（1885年）	山形県からのハッカ種根を上川郡で試作。〈ハッカ栽培の起源〉札幌県殖民地の選定概積法を定める。
明治19年（1886年）	3 県 1 局を廃し、北海道庁を置く。
明治23年（1890年）	ホルスタイン種を導入する。
明治25年（1892年）	石狩の金子清一郎、ノミ取り粉として除虫菊を栽培する。〈除虫菊栽培の起源〉
明治26年（1893年）	稲作試験場を北海道種畜場内に開設。
明治29年（1896年）	角田村水利土功組合設立。〈北海道最初の土功組合〉
明治33年（1900年）	農業生産額が水産業を抜き首位となる。
明治40年（1907年）	札幌農学校、東北帝国大学農科大学となる。
明治41年（1908年）	釧路大楽毛で牛馬のセリ市開く。
明治42年（1909年）	第 1 期拓殖15カ年計画樹立。〈耕地51万7,989ha、農家戸数14万7,420戸〉

大正時代

大正 2 年（1913年）	大凶作となり官民有志凶作救済会を組織。
大正 4 年（1915年）	上川、空知、河西管内に大水害が発生。
大正 7 年（1918年）	岩内町に下田アスパラガス製造所設立。〈農産物缶詰の起源〉札幌農科大学、東北帝国大学から分離して北海道帝国大学となる。
大正 9 年（1920年）	北海道産米100万石祝賀会を札幌にて開催。〈産米119万107石〉
大正12年（1923年）	北海道にデンマークとドイツの農家を招き、実際に営農してもらい農業経営の参考とする。

昭和時代

昭和 2 年（1927年）	第 2 次拓殖20カ年計画樹立。
昭和 7 年（1932年）	北海道冷水害凶作。〈産米 8 万1,000石〉冷害地方における農業経営の改善および指導方針を定める。
昭和 8 年（1933年）	北海道産米300万石の新記録をつくる。〈産米321万7,252石〉
昭和17年（1942年）	食糧管理法制定。
昭和20年（1945年）	緊急開拓計画始まる。
昭和21年（1946年）	自作農創設特別措置法公布。道内農地改革始まる。
昭和24年（1949年）	干害、被害額24億円に達する。農業（生活）改良普及員の設置。
昭和27年（1952年）	北海道総合開発第 1 期 5 カ年実施計画樹立。
昭和28年（1953年）	冷水害による被害甚大、被害額240億円に達する。
昭和29年（1954年）	冷害および台風による農作物の被害甚大で、被害額は391億円に達する。
昭和31年（1956年）	全道的に大冷害。被害額396億円に達し、各府県はもとより、諸外国からも救援の手が差し伸べられる。
昭和36年（1961年）	北海道産米高、新潟県を上回る。収穫量日本一を初めて記録。〈85万4,500 t〉
昭和38年（1963年）	第 2 期北海道総合開発計画スタート。
昭和39年（1964生）	全道的に冷害、被害総額573億円。
昭和40年（1965年）	乳牛30万頭、牛乳300万石突破。高度成長経済政策の下で離農が相次ぎ、農家戸数20万戸を割る。
昭和41年（1966年）	加工原料乳の不足払い制度実施。全道にわたって冷害、被害総額611億円。第 1 次酪農近代化計画策定。
昭和42年（1967年）	大豊作で北海道産米100万 t を突破。
昭和43年（1968年）	豊作により全国産米1,440万 t（道産米122万 t）を記録。国内産米過剰となる。
昭和44年（1969年）	全道的に低温と降霜の被害。水稲収穫量93万3,800 t と前年を下回る。
昭和45年（1970年）	全道的に米が生産過剰となり生産調整対策を実施。
昭和46年（1971年）	第 3 期北海道総合開発計画、第 2 次酪農近代化計画策定。全道で冷害の被害総額772億円。
昭和47年（1972年）	道産米の10 a 当たり収量初めて500kg突破。北海道地域別農業指標策定。
昭和48年（1973年）	根室地域の新酪農村建設に着手。
昭和49年（1974年）	水稲が 3 年連続の大豊作。
昭和50年（1975年）	乳牛60万頭突破。
昭和51年（1976年）	水稲を中心に冷害。被害総額923億円。第 3 次酪農近代化計画策定。
昭和52年（1977年）	有珠山噴火。胆振、後志支庁管内で農作物被害。
昭和53年（1978年）	米の過剰基調が再び強まり、10年間にわたる水田利用再編対策が開始される。北海道発展計画スタート。
昭和54年（1979年）	畑作物・園芸施設共済制度発足。牛乳や乳製品の需給緩和により生乳の計画生産実施。
昭和55年（1980年）	北海道地域別農業経営指標策定。水稲・豆類を中心に冷害。被害総額863億円。
昭和56年（1981年）	第 4 次酪農近代化計画策定。冷災害により農作物が

昭和57年（1982年）	被害。被害総額1,315億円。 3年ぶりの大豊作。てん菜、馬鈴しょ、小麦の生産量が史上最高。
昭和58年（1983年）	北海道農業の発展方策策定。低温と日照不足などにより農作物に被害、被害総額1,531億円。
昭和59年（1984年）	水稲の10a当たり収量、史上最高の551kgを記録。生産者団体、畑作物作付指標を策定。
昭和60年（1985年）	生乳生産が再び過剰となり約8万tの余乳発生。
昭和61年（1986年）	生乳の需給緩和を改善するため初めて減産型計画生産を実施。てん菜の糖分取引開始。道立植物遺伝資源センター設置。
昭和62年（1987年）	北海道新長期総合計画策定。米価の31年ぶりの引き下げをはじめ、農産物の生産者価格は全て引き下げ。6年にわたる水田農業確立対策開始。
昭和63年（1988年）	GATT裁定受諾。でん粉の自由化は見送られたもののコーンスターチとの抱き合わせ比率が改定。

平成時代

平成元年（1989年）	地域農業のガイドポスト策定。
平成3年（1991年）	牛肉の輸入自由化。**クリーン農業の推進スタート。**
平成4年（1992年）	農林水産省「新しい食料・農業・農村政策の方向」（新政策）を公表。
平成5年（1993年）	記録的な冷夏により戦後最大の冷害。被害総額1,974億円。7年越しのGATT・ウルグアイ・ラウンド農業交渉が合意。水田営農活性化対策がスタート。北海道の転作率49.8%から38.80%に大幅緩和。
平成6年（1994年）	「北海道農業・農村のめざす姿」策定。
平成7年（1995年）	WTOや、（社）北海道農業担い手育成センターが発足。食糧管理法が廃止され、新食糧法が施行。
平成8年（1996年）	北海道立花・野菜技術センターがオープン。O-157問題が発生。
平成9年（1997年）	**「北海道農業・農村振興条例」制定。**3年連続豊作で自主流通米価格低迷。「新たな米政策大綱」策定。
平成10年（1998年）	道「農業農村の多面的機能評価調査報告書」公表。米の関税措置切り替え決定。
平成11年（1999年）	農水省「新たな酪農・乳業対策大綱」公表。「食料・農業・農村基本法」や「家畜排せつ物の管理適正化及び利用の促進に関する法律」など環境3法を制定。
平成12年（2000年）	乳業の食中毒事件。北海道で初、日本で92年ぶりに口蹄疫発生。JAS法改正で有機農産物に認証制度導入、道と農業団体がクリーン農産物表示制度を開始。中山間地域等直接支払制度を実施。
平成13年（2001年）	第2期「北海道農業・農村振興推進計画」公表。大豆、てん菜、加工原料乳が価格支持制度から市場原理を導入した新制度へ。改正農地法施行。国内初のBSE（牛海綿状脳症）発生。
平成14年（2002年）	農水省「『食』と『農』の再生プラン」公表。BSE対策特別措置法施行。道「道産食品『安全・安心フードシステム』推進方針」策定。国「米政策改革大綱」決定。
平成15年（2003年）	内閣府に食品安全委員会発足。食糧庁を廃止し消費・安全局設置。台風10号、十勝沖地震により日高、十勝を中心に大被害。
平成16年（2004年）	道「北海道農業・農村ビジョン21」策定し、「愛食の日」（毎月第3土・日曜日）を制定。米の新品種「ななつぼし」本格デビュー。
平成17年（2005年）	道「北海道食の安全・安心条例」と「北海道遺伝子組換え作物の栽培等による交雑等の防止に関する条例」を公布。国「経営所得安定対策等大綱」公表。
平成18年（2006年）	需給不均衡により生乳892tを廃棄。国は「経営所得安定対策等実施要綱」決定。
平成19年（2007年）	品目横断的経営安定対策や農地、水、環境保全向

平成20年（2008年）	上対策スタート。 輸入麦高騰で道産小麦に需要集中、高値落札。
平成21年（2009年）	民主党政権の誕生で戸別所得補償制度導入へ。米の新品種「ゆめぴりか」本格デビュー。農地制度改正で耕作者主義から転換、企業参入に道。
平成22年（2010年）	戸別所得補償モデル対策が米でスタート。
平成23年（2011年）	東日本大震災発生。政府、TPP交渉参加に向けた関係国との協議入りを表明。「我が国の食と農林漁業の再生のための基本方針・行動計画」策定。
平成24年（2012年）	空知・石狩を中心に記録的豪雪、5,000棟以上のビニールハウスに被害。てん菜が記録的な低糖分、作付面積も6万ha割れまで減少。
平成25年（2013年）	国際獣疫事務局の年次総会で日本がBSE清浄国に復帰。検査対象月齢見直しで全頭検査が廃止に。安倍首相がTPP交渉参加を表明。
平成26年（2014年）	日豪EPA交渉大筋合意。国は「農林水産業・地域の活力創造プラン」改訂。農協、農業委員会改革、農業生産法人要件の見直しへ。上川管内を中心に、大雨による1,900haを超える冠水被害発生。北海道米、作況指数107で4年連続豊作に。
平成27年（2015年）	JA全中が農協改革案受け入れ。新たな食料、農業、農村基本計画の食料自給率はカロリーベースで「45%」と設定。農協法改正案が成立。米国・アトランタの閣僚会合でTPP交渉が大筋合意となる。
平成28年（2016年）	8月下旬に3台風が北海道上陸、1台風が接近。十勝、オホーツク、日高、上川などの農地や農作物に甚大な被害発生。
平成29年（2017年）	清水町で高病原性鳥インフルエンザが初発生、28万羽を殺処分。「農業競争力強化支援法」など、関連8法案成立。「主要農作物種子法」廃止。改正畜安法が成立。日EU・EPA交渉が大筋合意。
平成30年（2018年）	2月大雪、7月豪雨、9月台風21号と気象災害による農業被害相次ぐ。最大震度7の「北海道胆振東部地震」では、全道で電源が喪失しブラックアウトに。

令和時代

令和元年（2019年） （平成31年）	日EU・EPA発効。「北海道主要農作物等の種子生産に関する条例」が成立。日米貿易協定が最終合意。政府は農林水産物の生産減少額は最大1,100億円と試算、TPP等関連政策大綱改訂へ。改正農協法に基づき中央会が組織変更、JA道中央会が連合会に。
令和2年（2020年）	新型コロナウイルス感染症の拡大で緊急事態宣言。JAグループや生協が「協同組合ネット北海道」を設立。米の需給緩和で6年ぶりの（ホクレンの）概算金引き下げ。留萌4JAの合併が決定、道内初の振興局管内1JA発足へ。日英EPAが大筋合意。
令和3年（2021年）	道「第6期北海道農業・農村振興推進計画」策定。コロナ禍長期化で農畜産物需給への影響拡大。ホクレン受託乳量初めて400万t超え。日中韓、ASEAN、オーストラリア、ニュージーランドの15カ国がRCEP協定に署名。農水省がみどりの食料システム戦略策定。記録的高温多照、たまねぎや馬鈴しょ、飼料作物などに影響。米の需給環境悪化、概算金2年連続引き下げ。
令和4年（2022年）	ロシアがウクライナに侵攻、食料安全保障機運高まる。燃料、肥料、飼料など生産資材が高騰、国が経済対策を実施。オホーツクで降ひょう、豪雨による冠水被害も発生。道内5つの農業共済組合が合併し、北海道農業共済組合（NOSAI北海道）が誕生。白老町・網走市・釧路市で高病原性鳥インフルエンザが相次いで発生。市町村が地域農業の将来を策定・公表する「人・農地プラン」法定化。

北海道のおいしさを、まっすぐ。
よつ葉

それは、とっても
よつ葉らしいスイーツ。

星の数ほどあるスイーツですが、これはちょっと珍しい。
バターをつくるときに生まれるバターミルクとヨーグルトが出会うと、
あぁ…こんなにも、豊潤で濃厚なミルクのおいしさに…！
もちろん乳原料はすべて北海道産。
冷蔵庫にいつもいてほしい。そんなスイーツできました。

とろっと、ミルクのおいしさ。
よつ葉バターミルクヨーグルト

よつ葉乳業株式会社　https://www.yotsuba.co.jp/

異国のキッチンで、日本の地名が聞こえた。

聞きなれぬ言葉、見しらぬ料理。
遠く離れた異国の食卓で、
ふと、日本の地名が聞こえた。
私たちに馴染み深い
日本の畑で生まれた野菜や果物が、
今、世界で人気なんだとか。
肥沃な土壌で、手間暇かけて育てた
おいしさに国境はありません。
輸出経路の確保、組織の連携、
そしてたくさんの作物を、
高水準にそろえてつくれる技術力。
様々なハードルを越えたその味は、
海をも越えて笑顔を実らせ、
やがて生産地である地域の根を
つよくしていきます。
私たちの農業には、
まだまだ面白い世界が広がっている。
JAバンクはこれからも、
この国の農業に関わるすべての人と、
地域を支え続けます。
それが、明日の農業の力になるから。

地域の未来をつくる。

農業 Loves you.